생명이란 무엇인가?
물리학자의 관점에서 본 생명현상

【한울과학문고 2】

생명이란 무엇인가?

물리학자의 관점에서 본 생명현상

에르빈 슈뢰딩거 지음 / 서인석·황상익 옮김

중판을 내며

*What is Life?*의 한글판 『생명이란 무엇인가?』가 부수가 많은 것은 아니지만 거의 1년에 한번 꼴로 쇄(刷)를 거듭해 왔으며, 이번에 내용의 개정은 없지만 판(版)을 바꾸어 새 단장을 하게 된 점을 옮긴이들로서는 기쁘고 반갑게 생각한다. 나름대로 열과 성을 다하여 낸 책이 아무런 관심을 끌지 못한다면 옮긴이들로서는 섭섭함을 넘어 한심하기까지 한 일이거니와, 그보다도 현대의 고전이라고 평가받는 이 책이 우리 독자들에게 외면받는다면 더 안타까운 일이었을 터이기 때문이다.

오래 전부터 21세기는 "생명과학의 시대" 또는 "유전공학의 시대"가 될 것이라고 예측해 왔으며, 그러한 예상은 크게 틀린 것 같지는 않다. 아니, 인간게놈프로젝트의 1차적 완료와 복제양 돌리의 탄생으로 대표되고 상징되는 생명과학의 발전은 우리들의 상상과 예견을 오히려 뛰어넘고 있는 것처럼 보이기도 한다.

그러나 차분하고 냉철하게 생각해보면 인류는 이제 고작 생명의 비밀을 밝히는 초입에 서 있을 따름이다. 이러한 사실을 인식하지 못하거나 또는 짐짓 무시하면서, 마치 생명에 대해 다 알기라도 한 것처럼, 또 한걸음 더 나아가 그런 지식을 바탕으로 난치성 질병들을 비롯하여 인류가 겪고 있는 수많은 문제에 대해 당장이라도 해결책을 제시할 수 있을 듯한 모습도 적지 않아 보인다. 마치 편협한 신관(神觀)을 유일한 진리인양 내세우며, 그것도 모자라 남들에게 강요하는 것처럼.

슈뢰딩거의 *What is Life?* 발간 이후 지난 60년 가까운 세월 동안 생명에 관해 엄청나게 많은 새로운 사실이 발견되고, 또 실험을 통해 확인되었다. 그러나 '생명이란 무엇인가'라는 질문에 대한 대답은 크게 나아진 것 같지 않다. 오히려 새롭게 발견된 사실들에 파묻혀 더욱 미로(迷路) 속을 헤매는 느낌이 들기도 한다.

슈뢰딩거의 책은 당시에도 그랬거니와 이제는 더더욱 사실과 정보를 전해주는 구실을 하지 못한다. 누군가 사실에 관련된 슈뢰딩거의 오류를 지적하고 비판하는 책을 쓴다면 분량으로도 슈뢰딩거

중판을 내며

의 책을 훨씬 능가하게 될 것이다. 환원론 등 생명에 대한 슈뢰딩거의 관점을 비판하는 글을 쓰더라도 부록으로 실은 올비의 논문보다 더 많은 근거를 제시할 수 있을 것이다. 그럼에도 이 책의 의미가 지금도 바래지 않는 것은 생명을 포함하여 세계를 총괄적으로 설명해보려는 치열한 탐구정신, 그리고 그러한 정신의 바탕이라고 여겨지는 학자와 인간으로서의 겸허한 태도가 중요하게 작용한다고 생각한다.

금세기가 "생명과학의 시대", 나아가 "생명의 시대"가 되기 위해서는 무엇보다도 생명과 학문에 대한 진지함과 겸허함이 필요하지 않을까?

2001년 10월
옮긴이들

옮긴이의 말

이 책 『생명이란 무엇인가?(What is Life? : The Physical Aspect of the Living Cell)』는 더블린 고등학술 연구소의 후원으로 1943년 2월 더블린의 트리니티 칼리지에서 행한 몇 차례 강연의 원고를 토대로 만든 것이다. 이 책은 부제목이 이야기하듯이 생명현상을 물리학자의 관점에서 바라본 것이다. 파동역학을 창시한 대물리학자 슈뢰딩거가 생각했던 생명에 대한 자세한 내용과 문제점과 의의는 이 책의 본문과 그리고 부록으로 실은 로버트 올비의 비판적 논문 「슈뢰딩거의 문제점 : 생명이란 무엇인가?」를 보면 잘 알 수 있을 것이다.

따라서 여기에서는 슈뢰딩거의 생애와 물리학 분야에서의 업적에 대해 간략히 살펴보도록 하겠다.

옮긴이의 말

　에르빈 슈뢰딩거(Erwin Schrödinger, 1887~1961년)는 성공한 린넨 제조업자의 아들로 태어났다. 그는 어렸을 때부터 폭넓은 재능과 흥미를 나타냈는데 이 책에서도 그러한 면모를 간간이 볼 수 있을 것이다. 슈뢰딩거는 화학을 공부하면서 이탈리아 회화에 대해서도 공부하고 한편 식물학에도 관심을 보여 식물의 계통발생에 관한 논문을 발표하였으며 그밖에도 고대문법이나 독일 시의 감상에도 재능을 보였다.

　슈뢰딩거는 1910년 비엔나 대학에서 물리학으로 학위를 받고 나서 곧 모교에서 연구생활을 하게 된다. 그리고 제1차세계대전 동안 포병장교로 종군하였지만 부대가 전선에서 멀리 떨어져 있던 덕으로 계속하여 물리학에 대한 책을 많이 섭렵할 수 있는 행운을 누렸다.

　그는 1920년부터 예나, 슈투트가르트, 베르슬라우, 취리히 등에서 각각 짧은 기간 동안 연구생활과 교수생활을 계속하였다. 이 무렵부터 슈뢰딩거는 독창적인 작업을 시작하는데 1926년 초에 파동역학의 기초를 이루는 몇 편의 논문을 발표하였다. 그는 곧 자신의 업적을 인정받아 막스 플랑크의 뒤를 이어 1927년에 명문 베를린 대학의 이론물리학 교수로 취임하였다.

　그러나 히틀러가 정권을 장악한 1933년 슈뢰딩거는 그 직을 사임하고 영국의 옥스포드로 갔으나 심한 향수병에 걸려 1936년에 오스트리아의 그라츠로 돌아온다. 그러다가 1938년에 나치가 오스트리아를 점령하게 되자 그는 다시 망명길에 오른다.

당시 에이레의 지도자였던 드 발레라는 수학에 관해 흥미가 많았는데 슈뢰딩거에게 더블린 고등학술연구소에 자리를 마련해주어서 그는 모국 오스트리아로부터 연합국의 점령군이 철수한 1955년까지 에이레에서 그의 인생 중 가장 행복한 17년의 세월을 보낸다. 이 책『생명이란 무엇인가?』도 이 무렵 만들어진 것이다. 오랜 망명생활을 끝낸 그는 모교 비엔나 대학교의 교수로 취임하지만 곧 병을 얻어 더 이상의 뚜렷한 활동은 하지 못한 채 1961년 세상을 떠났다.

드 브로이의 논문이 발표된 1924년부터 슈뢰딩거는 드 브로이 이론의 결과에 대해 생각하기 시작했다. 당시 슈뢰딩거는 모든 입자는 파동을 가지며, 입자의 특성은 입자적인 성질과 파동적인 성질을 함께 가지는 것이라고 가정하였다. 슈뢰딩거와 드 브로이는 파동방정식이라고 부르는 편미분방정식이 입자의 운동을 기술할 수 있다는 사실을 발견하고는 그 방정식을 풀어나갔다.

그들은 파동함수를 고려하는 이러한 접근을 통해 입자에 대한 보어의 양자론이 안고 있던 난관을 극복할 수 있었지만 실제 자연현상에 적용하는 데에는 여전히 어려움이 있었다. 그러자 슈뢰딩거는 입자운동을 기술하는 해밀턴의 방법을 사용하여 슈뢰딩거 방정

옮긴이의 말

식을 만들어낸다. 이전의 것과는 달리 이 방정식은 상대론적인 효과를 무시한 것이었는데 실제 경우에 적용하기가 훨씬 쉬워졌다. 이 방정식을 수소원자에 적용했을 때 보어의 원자모형에 있는 특별한 가정을 사용하지 않더라도 수소원자에 있는 전자의 에너지 준위를 정확하게 계산해낼 수 있었다. 이 에너지 준위값은 수소 스펙트럼에서 관찰되는 선을 사용하는 실험을 통해 측정되었던 것이다. 이러한 업적으로 슈뢰딩거는 1933년에 디락과 함께 노벨물리학상을 수상하였다. 슈뢰딩거의 이론은 파동역학으로 알려져 있는데 디락은 그것이 보른, 조던, 하이젠베르크가 1925년에 고안한 행렬역학과 수학적으로 동등한 것이라는 사실을 밝혔다. 그리고 디락은 한걸음 더 나아가 이 이론들과 파울리의 배타원리를 종합하여 1926년 말 거의 완성된 형태로 양자역학을 제시하였던 것이다.

양자역학은 자연현상에 대한 예측능력이 매우 크며 그때까지 설명이 되지 않던 많은 현상들을 정확히 기술하였지만, 슈뢰딩거는 그 이론 속에서 뭔가 불합리한 점을 보았다. 파동함수와 입자(예컨대 전자)를 상관 짓는 것은 어려운 일이었다. 그 당시 보른은 오늘날 받아들여지고 있는 설명, 즉 파동의 크기가 그 점에서 입자가 발견될 확률이라고 주장했다. 슈뢰딩거는 드 브로이나 아인슈타인과 마찬가지로 그 주장에 반대했으며, 그들은 함께 '확률론적 양자역학'에 대해 논박했다. 보른의 생각으로는 물리학이란 단지 어떤 사건 다음에 다른 사건이 일어날 가능성 또는 확률에 대해 기술하는 것이지 고전물리학 이론이 했듯이 원인과 결과를 정확하게 예측할 수 있는 것은 아니었다.

슈뢰딩거는 허례허식과는 거리가 먼 사람이었으며 그의 동료와 제자들은 그의 그러한 점을 무척이나 좋아했다고 한다. 그러나 슈뢰딩거는 평생을 통하여 지속적인 공동연구자가 없었으며 당대 물리학의 주류적 학자들과는 떨어져서 독자적인 연구의 길을 걷던 고독한 학자였다. 슈뢰딩거는 물리학사상에 큰 업적을 남겼지만 그의 개인생활은 결코 화려했던 것 같지는 않다.

많은 과학도에게 충격과 영향을 주고 그에 따라 논란도 많았던 슈뢰딩거의 유명한 책 『생명이란 무엇인가?』의 그 내용적 의미는 50년이라는 세월 속에서 많이 퇴색하였고 그의 여러가지 오류에 대해서도 이미 많이 지적된 바 있다. 그러나 인간과 생명과 우주에 대한 슈뢰딩거의 끝없는 관심과 사랑, 그리고 세계를 총괄하여 설명해보려는 그의 치열하고 야심에 찬 탐구정신은 오늘날에도 여전히 생생하게 살아 남아 있다. 독자들은 읽기에 그리 쉽지만은 않을 이 책을 통해 한 위대한 과학자의 진지한 탐구의 모습과 인간으로서의 불가피한 한계를 발견할 수 있기를 바란다. 이 점이 우리가 슈뢰딩거의 책을 옮기려고 의도한 이유 중의 하나이다.

옮긴이의 말

옮긴이들은 의학을 전공하고 있기 때문에 물리학적 개념과 용어에 익숙하지 않아 옮기는 데 잘못이 없지 않았으리라고 생각한다. 독자 여러분의 날카로운 지적을 바란다.

끝으로 원고를 산뜻하게 정리해준 서울대학교 의과대학의 이영옥 씨, 번역원고를 꼼꼼히 검토하여 여러가지 도움말을 준 서울대학교 자연대학 물리학과의 임지순 교수와 의과대학 생리학교실의 김성준 선생, 그리고 책을 만드느라고 애쓴 도서출판 한울 여러분에게 감사의 말을 드린다.

1991년 추운 겨울날 생명의 새싹을 찾으며

옮긴이 서인석 · 황상익

서문

자유로운 사람이 죽음보다도 적게 숙고하는 것은 없다.
자유인의 지혜는 죽음에 대해서가 아니라 삶에 대해 명상하는
것이다.
―스피노자, 『윤리학』, 4부 명제 67.

■ □ ■

 과학자라면 누구든지 '어떤' 주제에 대해 스스로 완전하고 철저한 지식을 가지고 있다고 여겨진다. 따라서 과학자는 자신의 전문분야가 아닌 주제에 대해서는 쓰지 않을 것이라고 사람들은 생각한다. 그리고 그러한 태도야말로 과학자의 '도덕적 의무'라고 간주된다. 나는 이제 이 책을 씀에 있어서, '도덕적'이라는 말에서 벗어나고 또한 그 뒤에 붙는 '의무'로부터도 자유로워질 수 있기를 바란다. 내가 이러한 변명의 이야기를 하는 이유는 다음과 같다.
 우리는 세상 모든 사물을 담아내는 통괄적이며 보편적인 지식에 대한 강렬한 열망을 선조들로부터 물려받았다. 최고학부에 주어진 이름, 즉 'University(대학)'가 그러한 사실을 상기시킨다. 고대로부터 오랜 세월에 걸쳐 'universal(보편적)'이란 낱말은 우리에게 완전한 신뢰를 줄 때에만 쓰여졌다. 그러나 지난 백여 년 동안 깊이와 폭의 양측면에서 다양하고 다채로운 지식분야가 발달하면서 우리는 색다른 딜레마에 마주치게 되었다.

우리는 분명 다음과 같이 느끼고 있다. 우리는 지금에 와서야 세계를 전체로서 온전하고 제대로 이해하는 데 필요로 되는 믿을 만한 재료들을 얻기 시작하였지만 다른 한편으로는 누구든 자신의 매우 좁은 전문분야를 넘어서서 세계 전체를 완전히 이해한다는 것은 거의 불가능해졌다. 앞에서 말한 우리의 진정한 목적이 영원히 사라진 것이 아니라면 나는 우리들 가운데 누가 되든지 비록 어떤 것은 불완전하고 간접적인 지식일지라도, 그리고 그 때문에 이러한 작업을 하는 사람이 웃음거리가 되더라도 여러가지 사실과 이론들을 종합하는 작업을 시작하는 것말고는 이 딜레마에서 벗어날 길이 없다고 생각한다.

독자들은 이러한 나의 변명을 관대하게 보아주기 바란다.

언어가 주는 어려움은 무시할 성질의 것이 아니다. 모국어는 아주 잘 맞는 옷이다. 당장 제 나라 말을 사용할 수 없어 다른 나라 말로 해야 할 때 누구든지 편안할 수 없을 것이다. 잉크스터 박사(더블린의 트리니티 칼리지), 파드레이그 브라우니 박사(메이누스의 성패트릭 칼리지), 그리고 마지막으로 언급하지만 그렇다고 도움을 가장 적게 준 사람이 아닌 로버츠 씨에게 깊이 감사한다. 그들은 새로 맞춘 옷이 내게 잘 맞도록 여러가지 수고와 배려를 아끼

서문

지 않았고, 내가 때때로 '원래' 스타일을 버리지 않으려 해서 더욱 많은 수고를 하게 되었다. 내 원래 스타일의 어떤 것이 내 친구들의 충고를 벗어나 글 가운데 드러났다면 그것은 전적으로 내 탓이지 그들 잘못은 아니다.

소항목의 제목은 내용을 요약하기 위해 의도적으로 붙인 것이다. 그리고 각 장의 본문은 연결해서 읽어야 할 것이다.

더블린, 1944년 9월
에르빈 슈뢰딩거

차례

중판을 내며 5
옮긴이의 말 8
서문 15

1 주제에 대한 고전물리학자의 접근 25

탐구의 일반적인 특성과 목적 27
통계물리학. 구조상의 근본적인 차이 28
주제에 대한 물리학자의 소박한 접근 31
원자는 왜 그렇게 작은가? 32
유기체의 작용은 물리법칙을 정확히 따른다 35
물리법칙들은 원자통계학에 의존하고 있으며 따라서 근사적일 뿐이다 37
정밀도는 수없이 많은 원자에 기초한다—첫번째 보기 : 상자성(常磁性) 38
두번째 보기 : 브라운 운동과 확산 43
세번째 보기 : 정확한 측정의 한계 47
$\sqrt{n}$ 규칙 48

2 유전기전 51

고전물리학자의 결코 사소하지 않은 예측은 옳지 않았다 53
유전부호(염색체) 55
세포분열에 의한 성장(유사분열) 57

유사분열 과정에서 모든 염색체는 복제된다 58
감수분열과 수정 60
반수체 구조를 갖는 개체 62
감수분열이 갖는 의미 64
교차. 유전적 특성의 위치 65
유전자의 최대 크기 69
작은 숫자들 71
영속성 72

3 돌연변이 75

'도약적인' 돌연변이들—자연선택의 활동무대 77
돌연변이만 진정으로 교배된다. 즉 완전하게 유전된다 80
위치(유전자좌)의 측정. 열성과 우성 82
전문적인 용어의 도입 85
근접 교배의 해로운 효과 87
보편적이고 역사적인 언급 89
돌연변이가 드문 사건일 필요 91
X선에 의해 생기는 돌연변이 92
제1법칙—돌연변이는 단일사건이다 94
제2법칙—사건의 국소성 95

4 양자역학적 증거 99

고전물리학으로는 설명할 수 없는 영속성 101
양자론으로 설명할 수 있다 103
양자론—불연속적인 상태들—양자도약 104
분자들 107
분자들의 안정성은 온도에 따른다 108
잠깐 분위기를 바꾸어서 수학적으로 이야기해보자 110
첫번째 수정 111
두번째 수정 112

5 델브뤽 모델에 대한 토의와 검증 119

유전 물질의 일반적 성질 121
성질의 특이성 122
전래적으로 잘못된 개념 몇 가지 123
물질의 다른 '상태들' 125
정말로 중요한 구별 127
비주기적인 (주기성을 갖지 않는) 고체 128
미세부호에 압축되어 있는 다양한 내용 129
사실들과의 비교: 안정도 및 돌연변이의 불연속성 131
자연선택된 유전자의 안정성 132

돌연변이체의 낮은 안정성 133
불안정한 유전자는 안정된 유전자보다 온도의 영향을 덜 받는다 134
X선은 어떻게 돌연변이를 일으키는가? 135
X선의 효율은 자발적인 돌연변이율에는 좌우되지 않는다 137
가역적인 돌연변이들 137

6 질서와 무질서 그리고 엔트로피 139

모델로부터 얻은 일반적이며 뚜렷한 결론 141
질서에 바탕을 둔 질서 142
살아 있는 물체는 평형으로의 이행을 피한다 144
생명은 '음(陰)의 엔트로피'를 먹고 산다 146
엔트로피는 무엇인가? 148
엔트로피의 통계적 의미 149
유기체는 환경으로부터 '질서'를 얻어내어 유지된다 151
6장에 대해 덧붙이는 말 152

7 생명은 물리법칙들에 근거해 있는가? 155

유기체에서 예상되는 새로운 법칙들 157
생물학적 상황의 재검토 158
물리적 상황의 요약 159

뚜렷한 대조　161
질서정연함을 만드는 두 가지 방법　163
새로운 원리가 물리학에 이질적인 것은 아니다　165
시계의 운동　167
시계장치의 운동은 결국 통계학적인 것　169
네른스트 정리　170
진자시계는 실제적으로 절대온도 영도에 있다　171
시계장치와 유기체와의 관계　172

에필로그 ｜ 결정론과 자유의지에 대해서　175
부록 ｜ 슈뢰딩거의 문제점 - 생명이란 무엇인가?　185

▶ 일러두기
본문의 그림 중에서 *표가 된 것은 옮긴이들이 넣은 것임.

1 주제에 대한 고전물리학자의 접근

> 나는 생각한다. 그러므로 존재한다.
> —데카르트

생명이란 무엇인가

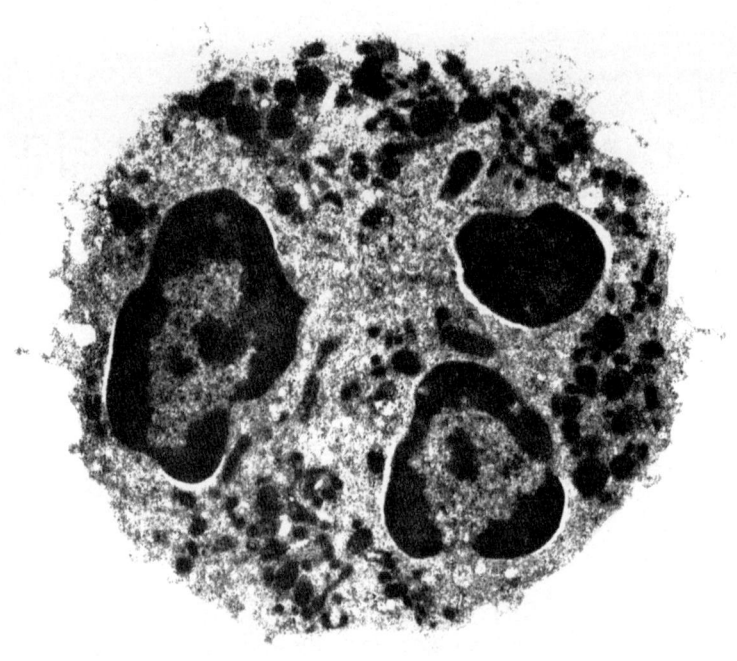

▲ **그림*** 사람 백혈구의 전자현미경 사진

■ □ ■

탐구의 일반적인 특성과 목적

이 작은 책은 한 이론물리학자가 400명 가량의 청중에게 행한 몇 차례 강연에서 비롯된 것이다. 내가 강연을 시작하면서, 다룰 주제가 어려울 뿐만 아니라 물리학자의 가장 강력한 도구인 수학적 연역법은 많이 사용하지 않더라도 일상적인 용어만으로 진행되지는 않을 것이라고 경고했음에도 불구하고 청중은 강연이 진행되는 동안 거의 줄어들지 않았다. 수학적 연역법을 사용하지 않은 이유는 주제가 수학의 도움 없이 설명될 수 있을 정도로 간단했기 때문이 아니라 반대로 주제 자체가 너무나 복잡해서 수학으로 접근할 수 없었던 터이다. 적어도 외형상으로 대중의 관심을 끌게 된 것은 물리학자와 생물학자 양쪽 모두에게 근본적인 것이면서도 생물학과 물리학 사이에서 해결 안 된 개념들을 분명하게 하려는 연사의 의도 덕분인 것 같다.

이 책에서는 여러가지 문제를 다루게 될 것이지만 실제로 전체적인 구상은 단지 한 가지 개념을 독자에게 전달하려는 것이다. 즉 방대하고 중요한 주제에 대한 나 나름대로의 작은 언급이다. 따라서 주제를 제대로 전달하기 위해 미리 짤막하게 나의 구상을 요약하는 것이 좋을지도 모르겠다.

방대하고 중요한, 그리고 매우 많이 논의될 문제는 다음과 같은 것이다. 즉 살아 있는 유기체(생명체)라는 공간적 울타리 안에서 일어나는 '시공간상의' 사건들을 과연 물리학과 화학으로 설명할 수 있을까?

이 작은 책이 설명하고 확립하려는 잠정적인 대답은 다음과 같이 요약할 수 있다. 현재의 물리학이나 화학이 그러한 생물학적 사건들을 분명히 설명할 수 없다고 해서 앞으로 이들 과학이 그 문제들을 해명할 것이라는 사실을 결코 의심할 수 없다는 점이다.

통계물리학. 구조상의 근본적인 차이

만약 과거에 이룩할 수 없었던 것이 미래에는 가능하리라고 하는 희망을 북돋우는 것만이라면 위의 요약은 그저 대수롭지 않은 이야기일 것이다. 그러나 거기에는 훨씬 더 적극적인 의미가 있다. 즉 그 말에는 오늘날에 이르기까지 한때 설명불가능하던 것이 꾸

주제에 대한 고전물리학자의 접근

준히 해명되어왔다는 사실이 내포되어 있는 것이다.

우리는 최근 30~40년 동안 생물학자들, 특히 유전학자들의 교묘한 연구 덕택으로 유기체의 실질적인 물질구조와 기능에 대해 많이 알게 되었으며, 그리고 오늘날의 물리학과 화학이 살아 있는 유기체라는 시공간에서 일어나는 여러가지 현상들을 왜 충분히 설명할 수 없는지에 대해서도 말할 수 있게 되었다.

유기체의 가장 필수적인 부분에서의 원자배열과 이들 배열의 상호작용은 물리학자와 화학자들이 지금까지 자신들의 실험적, 그리고 이론적인 연구의 대상으로 삼았던 모든 원자배열과는 근본적으로 다르다. 그렇지만 내가 방금 근본적이라고 말했던 차이는 물리와 화학법칙이 철두철미하게 통계적이라는 생각에 깊이 심취해 있는 물리학자를 제외한 누구에게도 매우 사소한 것으로 여겨지는 그러한 차이이다.* 왜냐하면 살아 있는 유기체에서 필수적인 부분의 구조는, 물리학자와 화학자가 실험실에서 손발을 움직이거나 책상 앞에서 머리를 굴리며 지금까지 다루었던 물질의 구조와 완전히 다르다는 생각은 바로 통계적인 관점에서 비롯되었기 때문이다. 그렇게 발견된 법칙과 규칙성을 그러한 법칙과 규칙성의 토대가 되는 구조를 나타내지 않는 시스템의 특성을 이해하는 데에 곧장

---

* 이러한 주장은 지금으로서는 너무 일반적인 것으로 보일지 모른다. 여기에 대한 논의는 이 책의 7장으로 미루기로 한다.

적용한다는 것은 거의 생각할 수 없는 일이다.

물리학자 이외의 사람이 내가 방금 추상적인 용어로 설명한 '통계학적인 구조'의 의미에 대해 그 타당성을 평가하는 것은 말할 것도 없고 단순히 이해하는 것조차 거의 기대하기 어렵다. 설명하는 데에 활기와 색채를 주기 위해, 나중에 보다 더 자세히 설명할 것, 즉 살아 있는 세포의 가장 중요한 부분인 염색체사를 '비주기적인 결정체'라고 말할 수 있다는 점에 대해 우선 생각해보자. 물리학에서는 여태까지 '주기적인 결정체'만을 다루어왔다. 대단하지 않은 물리학자에게도 주기적인 결정체는 매우 흥미로우면서도 까다로운 문제이다. 그리고 그것은 무생물적 자연이 스스로의 기지를 발휘하여 만들어낸 가장 매혹적이고 복잡한 몇 가지 물질구조 중의 하나이다. 그렇지만 비주기적인 결정체와 비교해보면 주기적인 결정체는 오히려 평범하고 재미도 없는 것이다. 그 두 가지가 나타내는 구조상의 차이는 규칙적인 주기를 가지고 같은 무늬가 계속 반복되는 보통 벽지와, 따분한 반복은 전혀 없이 정교하며 조리 있고 뜻 깊은 도안을 보이는 대가의 걸작 자수, 말하자면 라파엘 융단과의 차이와 비슷하다.

주기적인 결정체를 가장 복잡한 연구대상 가운데 하나라고 말할 때 나는 마음 속에 전형적인 물리학자를 떠올리고 있었다. 내 생각으로는 참으로 더욱 더 복잡한 분자들을 연구하는 유기화학이, 생

주제에 대한 고전물리학자의 접근

명을 담고 있는 물질인 비주기적인 결정체에 훨씬 더 가까이 가 있다. 그러므로 유기화학자가 이미 생명의 문제해명에 크고 중요한 기여를 한 반면, 물리학자는 거의 한 일이 없다는 말은 매우 타당한 것이다.

주제에 대한 물리학자의 소박한 접근

아주 간략하게 우리가 고찰하려는 것의 일반적인 개념 또는 궁극적인 목표에 대해 말한 다음에 탐구의 진행방향을 언급하려고 한다.

우선 나는 여러분이 '유기체에 대한 물리학자의 소박한 개념'이라고 부를지도 모르는 것부터 말하려고 한다. 즉 물리학 특히 그것의 통계론적 토대를 공부한 뒤 유기체에 대해 그리고 유기체가 행동하고 기능을 수행하는 방식에 대해 숙고하여 자신이 공부한 것, 즉 단순하고 명백하며 그리고 변변치 않은 자기의 과학적 관점이 그 문제해명에 어떤 적절한 기여를 할 수 있을 것인지를 성실하게 자문해보는 물리학자에게 떠오르는 유기체에 대한 개념을 언급할 것이다.

마침내 그 물리학자는 해낼 수 있다는 결론에 도달할 것이다. 그 다음 단계는 물리학자의 그러한 이론적 예상과 구체적인 생물학적 사실들을 비교하는 것이리라. 그리고 그의 개념이 전체적으로는 아주 이치에 맞지만 그러면서도 상당히 수정해야 할 것이라는 생각이 떠오르게 될 것이다. 이런 방식으로 우리는 올바른 관점에 점점 접근하게 될 것으로 나는 생각한다.

이 점에서 내가 옳다고 해도 나의 접근방식이 문제해결에 진정으로 가장 훌륭하고 간단한 것인지는 나 자신도 알 수 없다. 그러나 그것은 내가 취한 방식이었고 '소박한 물리학자'도 나 자신이었다. 그리고 그러한 문제를 해결하는 데 있어서 나 자신의 편견이 가미된 방식보다 더 좋고 명확한 것을 찾아낼 수 없었다.

원자는 왜 그렇게 작은가?

'소박한 물리학자의 개념'을 발전시키는 데 한 가지 좋은 방법은 기묘하고 우스꽝스럽다고도 할 질문에서부터 시작하는 것이다. 원자는 왜 그렇게 작은가? 우선 그것들은 정말로 매우 작다. 일상생활에서 우리가 사용하고 있는 어떠한 작은 물체에도 굉장히 많은 수의 원자가 들어 있다. 이러한 사실을 청중에게 쉽게 이해시키기 위해 많은 보기가 고안되었지만 어느 것도 켈빈 경이 사용했던 다음의 보기보다는 인상적이지 않다. 컵에 들어 있는 물분자를 모두 표지할 수 있다고 가정하자. 그런 다음 그 컵의 물을 바다에 붓고

주제에 대한 고전물리학자의 접근

잘 저어서 표지한 물분자가 7대양에 골고루 퍼지도록 하자. 그리고 나서 여러분이 어느 바다에서든 물을 한 컵 뜬다면 그 안에서 표지한 물분자를 적어도 100개 가량은 발견하게 될 것이다.*

원자의 실제 크기**는 노란 빛 파장의 1/5000~1/2000이다. 노란 빛 파장은 현미경 아래에서 식별될 수 있는 가장 작은 알갱이의 크기를 대체적으로 나타내기 때문에 그러한 비교는 의미가 있다. 방금 말한 작은 알갱이에조차도 수십억 개의 원자가 들어 있다.

그러면 원자는 왜 그토록 작은가?

분명히 이 질문은 우회적이다. 왜냐하면 우리의 관심이 실제로는 원자의 크기에 있는 것이 아니기 때문이다. 우리는 유기체, 특히 우리 자신의 몸의 크기에 관심이 있다. 야드나 미터와 같은 일상적인 길이 단위에 비교해 볼 때 원자는 정말로 작다. 원자물리학에서는 옹스트롬(Å) 단위를 사용하는 데 익숙해져 있는데 1옹스트

---

* 물론 정확히 100개를 발견하지는 않을 것이다(설사 100이라는 숫자가 정확한 계산값이라고 할지라도). 여러분은 88이나 95 또는 107이나 112개를 발견할지도 모른다. 그러나 50개와 같이 적은 수의 표지 물분자나 150개와 같이 많은 수의 물분자를 발견하기는 쉽지 않을 것이다. '편차' 또는 '변동'은 100의 제곱근, 즉 10 정도가 될 것으로 예상된다. 통계학자들은 여러분이 100±10개를 발견할 것이라고 설명한다. 이러한 것은 당분간 무시해도 된다. 하지만 나중에 통계에 관한 $\sqrt{n}$법칙의 예를 말할 때 다시 언급하게 될 것이다.
** 현재의 관점으로 원자에는 분명한 경계가 없어서 원자크기는 정의가 잘 되어 있는 개념이 아니다. 그러나 우리는 원자크기를 고체나 액체상태에서 두 개의 원자 중심 사이의 거리로 볼 수 있다. 물론 기체상태에서는 이것이 적용될 수 없는데 정상압력과 온도하에서 그 거리가 대략 10배 가량 되기 때문이다.

33

롬은 1미터의 10^{10}분의 1 또는 소수로 나타내어 0.0000000001미터이다. 그런데 원자의 지름은 1 내지 2옹스트롬이다. 일상적 단위는 우리 몸의 크기와 밀접한 관련이 있다. 야드라는 단위는 영국왕의 유머에 의해 생겼다는 이야기가 있다. 고문관들이 어떤 단위를 채택할지를 왕에게 물었을 때 그는 자기 팔을 양옆으로 뻗은 다음, 다음과 같이 말했다 한다. "가슴 한가운데에서 손끝까지의 길이를 택하라. 그것이면 충분하리라." 사실이든 아니든 이 이야기는 우리의 목적에 중요하다. 왕은 자기 몸을 중심으로 한 길이 말고는 매우 불편하리라는 것을 알고 있었으므로 자연스럽게 신체와 비교될 만한 길이를 제시했을 것이다. 옹스트롬 단위에 대해 편애하는 경향이 있는 물리학자라도 자기 새 옷을 만드는 데 650억 옹스트롬의 트위드 옷감이 필요하다라는 표현보다는 6.5야드가 들겠다는 말을 더 좋아할 것이다.

원자가 독립적으로 존재한다는 사실이 명백하고 또한 우리의 관심은 진정한 의미에서 우리 몸과 원자 크기의 비율이므로 다음과 같이 고쳐 물어야 할 것이다. 즉 우리 몸은 원자에 비해 왜 그렇게 커야만 하는가?

우리 몸의 실질적인 부분을 이루고 있으며, 상대적 크기로 볼 때 매우 작은 수많은 원자로 구성되어 있는 모든 감각기관은 너무 크고 성글어서 원자 한 개의 충격으로는 아무런 영향을 받지 않는다

주제에 대한 고전물리학자의 접근

는 사실에 대해 물리학이나 화학을 공부하는 많은 명석한 학생들이 서글퍼할지도 모른다는 것을 나는 상상해볼 수 있다. 우리는 개개의 원자를 보거나 느끼거나 들을 수 없다. 원자에 관한 우리의 가설은 감각기관이 받아들이는 사물과는 여러 면에서 다르고 직접적인 검증의 시험대에 올려놓을 수도 없다.

꼭 그래야만 하는가? 그래야만 하는 고유한 이유와 원인이 있는 것일까? 그밖에 어떤 것도 왜 자연의 법칙에 부합되지 않는지를 확실히 하고 이해하기 위해 이러한 상황을 일종의 '일차원리'까지 끌고 올라갈 수 있을까?

이것은 물리학자가 완전히 해명할 수 있는 성질의 문제이다. 위의 모든 질문에 대한 나의 대답은 긍정적이다.

유기체의 작용은 물리법칙을 정확히 따른다

만약 그렇지 않고 우리가 매우 민감한 유기체여서 한 개 내지 몇 개의 원자까지도 감각기관이 인지할 수 있다면 도대체 우리 삶은 어떻게 될까! 한 가지만 말한다면, 그러한 유기체는 일련의 긴 역사적 과정을 거쳐 많은 개념 가운데에서 결국 원자에 대한 개념을 형성하게 된, 고도로 정돈된 사고체계를 발달시킬 수 없었으리라는 점이다.

우리가 위에서 한 가지 사실만 이야기했지만 다음에 언급할 사항이 뇌와 감각기관 이외의 여러가지 장기 기능에도 틀림없이 적용될 것이다. 그럼에도 불구하고 우리들 스스로에게 가장 큰 관심을 일으키는 한 가지 사실임과 동시에 유일한 사실은 우리가 느끼고 생각하고 인지한다는 것이다. 사고와 감각에 관여하는 생리학적 과정에 비해 다른 여러가지 기능은, 순수하게 객관적인 생물학적 관점에서는 그렇지 않겠지만 적어도 인간적인 관점에서는 보조적 역할을 수행하는 것처럼 여겨진다. 더욱이 탐구를 위해 주관적인 현상과 밀접하게 관련되는 과정을 선택할 때 비록 주관적인 것과 객관적인 현상 사이의 밀접한 대응의 특성에 대해 무지하지만 위의 개념은 도움이 될 것이다. 내 견해로는 사람이 어떻게 생각하고 느끼고 인지하는지 하는 문제는 정말로 자연과학과 인간의 이해력 범위를 넘어서는 것이다.

우리는 다음과 같은 문제에 마주치게 된다. 왜 뇌와 같은 기관과 그것에 연결되는 감각계는 그 물리적 상태의 변화가 고도로 발달된 사고와 밀접하고 긴밀하게 관련되기 위해서는 반드시 엄청나게 많은 수의 원자로 구성되어야 하는가? 뇌가 하는 일, 즉 고도로 발달된 사고작용은 무슨 까닭으로 전체적으로나 환경과 직접 상호작용하는 말초부분에서나 외부로부터 오는 개개 원자의 충격에 반응하고 그것을 기록할 만큼 세분화되고 예민한 기전을 갖지 않는 것

주제에 대한 고전물리학자의 접근

일까?

그 이유로는 다음과 같은 것을 들 수 있다. 즉 우리가 사고라고 부르는 것은 첫째 그 자체가 질서정연한 것이고, 둘째 어느 정도의 질서도를 가진 인식이나 경험과 같은 것에만 적용할 수 있을 뿐이기 때문이다. 여기에서 두 가지 결과가 생긴다. 첫째로, 나의 뇌와 사고 사이의 관계와 같이 사고와 밀접한 관련을 갖는 물리적 구조는 질서가 매우 잘 잡힌 것이어야 한다. 그리고 이와 같은 사실은 뇌 속에서 일어나는 사건은 엄격한 물리법칙을 적어도 매우 정확하게 따라야 한다는 것을 뜻한다. 둘째로, 물리적으로 잘 조직된 체계 즉 뇌에 외부의 물체들로부터 충격이 가해질 때의 효과는 내가 앞서 말한 대로 인식과 사고의 경험이라는 현상을 일으킨다. 그러므로 우리 몸이라는 체계와 외부물체 사이의 물리적 상호작용은 대개 스스로 어느 정도의 물리적 질서도를 가지고 있는데 다시 말하자면 어느 정도의 정확성을 가지고 엄격한 물리법칙을 따르고 있는 것이다.

물리법칙들은 원자통계학에 의존하고 있으며 따라서 근사적일 뿐이다

그러면 왜 많지 않은, 적당한 수의 원자로 구성되어 있고 하나내지 몇 개 원자의 자극에도 민감한 유기체의 경우에는 이 모든 것이 충족될 수 없는 것일까?

  우리는 모든 원자가 완전히 무질서한 열운동을 한다는 사실을 알고 있다. 그러한 무질서한 열운동 자체 덕분에 원자들의 질서 있는 행동이 가능하지 않으며, 적은 수의 원자 사이에서 일어나는 사건들은 어떤 예측가능한 법칙에 따라 이루어지지 않는다. 통계법칙은 엄청나게 많은 수의 원자가 상호작용하는 경우에만 적용되며, 관련된 원자의 수가 증가함에 따라 이에 비례하여 이들 집합체의 행동은 더욱 정확하게 통계법칙을 따르게 된다. 여러가지 사건이 질서라는 특성을 가지게 되는 것은 바로 이러한 방식을 통해서 나타난다. 유기체의 생명에 중요한 역할을 한다고 알려진 모든 물리·화학법칙은 이러한 통계적인 것이다. 생각해볼 법한 다른 종류의 법칙성과 질서도는 원자의 끊임없는 열운동에 의해 계속 무의미해지고 쓸모없는 것이 되어버린다.

정밀도는 수없이 많은 원자에 기초한다
─첫번째 보기 : 상자성(常磁性)

  수천 가지의 보기 가운데에서 무작위로 뽑은 몇 가지를 들어 설명해보겠다. 아마 이 보기들은 생물학에서 유기체는 세포로 이루어

주제에 대한 고전물리학자의 접근

져 있다는 사실이나 천문학에서의 뉴튼법칙이나 수학에서의 1, 2, 3, 4, 5……라는 수열같이 현대물리학과 화학의 가장 기본적인 사항에 대해 처음으로 배우는 독자들에게 가장 좋은 보기가 되지 않을지도 모른다. 이 분야에 대해 완전히 초보적인 독자는 다음 몇 쪽을 읽고서 이 주제에 대해 완전히 이해하리라고 기대해서는 안 된다. 이 주제는 루트비히 볼츠만과 윌러드 깁스와 같은 유명한 이름과 관계가 있고 교과서에서는 '통계열역학'이라는 이름으로 다루고 있다.

만약 여러분이 긴 원통모양의 수정관에 산소기체를 채우고 그 관을 자기장 속에 넣으면 기체가 자기화되는 것을 발견할 수 있을 것이다.* 산소가 자기화되는 것은 산소분자 자체가 작은 자석이어서 나침반의 바늘과 같이 자기장에 대해 평행하게 방향을 잡으려 하기 때문이다. 그러나 모든 산소분자가 평행하게 있다고 생각해서는 안 된다. 왜냐하면 자기장이 두 배가 되면 산소기체에 생기는 자기화도 두 배로 되듯이 가하는 자기장의 크기에 비례하여 자기화도 증가하는데 매우 높은 자기장 범위에서도 비례상수가 존재하기 때문이다.

이러한 상자성은 순수한 통계법칙에 대해 매우 좋은 보기이다.

---

* 고체나 액체보다 간단하기 때문에 기체를 선택한다. 자기화가 이 경우에는 매우 약하기 때문에 이론적인 전개가 쉬워진다.

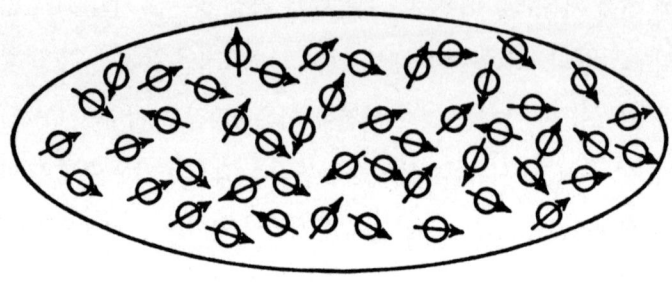

▲ 그림 1. 상자성

자기장이 만들어내는 이러한 분자배열은 무작위한 배열을 만들어 내게 되는 열운동에 의해 끊임없이 방해를 받는다. 실제로는 이러한 반대작용에 의해서 쌍극자 축과 자기장 사이의 각이 둔각에서 약간 예각이 될 뿐이다. 개개의 원자는 그 방향을 계속 바꾸지만 워낙 원자의 수가 많기 때문에 평균하여 보면 자기장의 크기에 비례해서 자기장 방향으로 배열을 하려 하는 것이다. 이러한 교묘한 설명은 프랑스의 물리학자인 랑제방의 발상이었다. 이것은 다음과 같은 방법으로 확인해볼 수 있다. 만약 관찰되는 자기화가 정말 모든 분자를 자기장의 방향과 평행이 되게 하려는 자기장과, 무질서하게 배열하려는 열운동이라는 상반되는 힘의 상호경쟁에 의해 생

주제에 대한 고전물리학자의 접근

긴 것이라면, 자기장을 강화시키거나 열운동을 줄이는 경우에 즉 온도를 낮출 때 자기화의 정도가 증가되어야 한다. 자기화의 정도는 절대온도에 반비례한다는 사실이 실험으로 확인되었는데 '큐리의 법칙'이라는 이론에 정량적으로도 잘 부합하였다. 오늘날에는 최신장비를 이용하여 열운동이 거의 없을 정도로 온도를 낮출 수 있는데 이때 자기장의 배열유도 효과로 기체분자는 실질적으로 '완전한 자기화'를 나타내게 된다. 이 경우에 자기장의 크기를 두 배로 해도 자기화는 두 배가 되지는 않는데 자기장이 점점 더 증가할 경우 자기화가 늘어나는 정도가 무뎌지면서 '포화'상태에 이르리라고 예상할 수 있다. 이 예상 역시 실험에 의해 정량적으로 확인되었다.

분자들의 이러한 현상은 전적으로 관측가능한 자기화를 만드는 데에 상호작용한 수많은 분자에 의해 일어난다는 것을 명심해야 한다. 그렇지 않았다면 자기화는 결코 일정하지 않았을 것이고 대신 매순간마다 매우 불규칙하게 변동하기 때문에 열운동과 자기장 사이의 경쟁의 결과 변화하는 모습을 볼 수 있었을 것이다. 즉 개개 분자의 운동보다는 집합체로서 분자무리의 수가 그러한 현상을 일으킨다는 것이다.

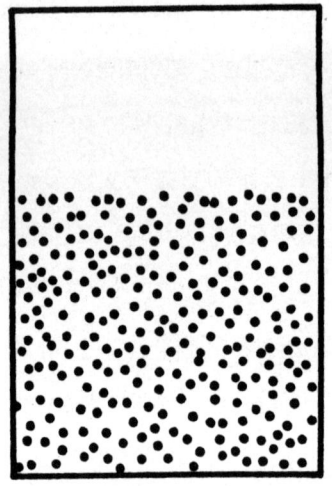

▲ 그림 2. 가라앉는 안개

◀ 그림 3. 가라앉는 작은 물방울이 나타내는 브라운 운동

주제에 대한 고전물리학자의 접근

두번째 보기 : 브라운 운동과 확산

만약 밀폐된 유리병의 아래 부분을 아주 작은 물방울들로 이루어진 안개로 채운다면, 여러분은 안개의 맨 윗부분이 공기의 점성도와 물방울의 크기와 비중에 의해 결정되는 속도로 가라앉는 것을 보게 될 것이다. 그러나 현미경으로 물방울 하나하나를 들여다 보면, 일정한 속도로 계속 가라앉지만은 않으며 이른바 브라운 운동이라고 부르는 매우 불규칙한 운동을 하고 있는 현상을 관찰하게 될 것이다. 즉 평균적으로 볼 때에만 일정한 속도로 가라앉는 양상이 보이게 된다.

이들 물방울이 원자는 아니다. 그러나 이것들이 아주 작고 가볍기 때문에 분자표면에 계속해서 충격을 가하는 어느 한 분자의 충격에도 민감하다. 이 물방울들 하나하나는 정해진 방향 없이 떠돌아다닐 뿐이고 평균적으로만 중력의 영향을 받고 있다.

만약 우리의 감각이 불과 몇 개 분자의 충격에도 민감하게 반응을 한다면 우리는 얼마나 재미있고 무질서한 경험을 하게 될 것인지를 이 보기에서 알 수 있다. 이러한 현상에 의해 크게 영향 받을 정도로 크기가 작은 박테리아와 그밖의 생물체들이 있다. 이들의 운동은 주위 배지의 열적 변화에 의해 결정된다. 그것들 스스로 결정하고 선택할 여지는 없다. 만약 그것들이 그 나름의 운동성을 가

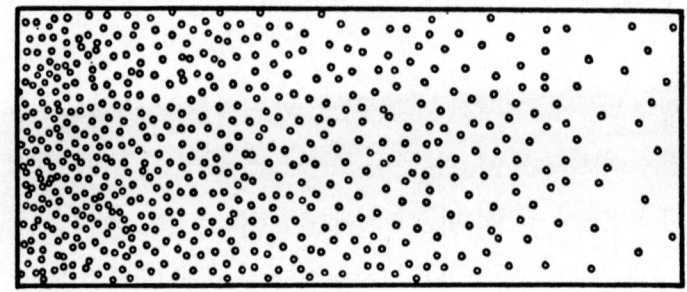

▲ 그림 4. 농도가 고르지 않은 용액에서 일어나는 확산. 용질이 왼쪽에서 오른쪽으로 확산하고 있다.

지고 있다면 한 곳에서 다른 곳으로 옮겨갈 수도 있을 것이다. 그러나 험한 바다 위의 작은 배같이 열운동이 영향을 미치기 때문에 어려움이 따를 것이다.

브라운 운동과 매우 비슷한 것으로 확산현상이 있다. 물이 차 있는 용기에 과망간산칼륨처럼 잘 녹는 발색물질을 조금 첨가하는 경우를 상상해보자. 이때 <그림 4>와 같이 과망간산칼륨은(그림의 점) 용기에 골고루 퍼져 있지 않고, 왼쪽에서 오른쪽으로 갈수록 농도가 묽어지는 모습이다. 만약 이 시스템을 그냥 놓아두면 '확산'이라고 하는 느린 과정이 일어나서 과망간산염은 왼쪽에서 오른쪽으로, 즉 농도가 높은 곳에서 낮은 데로 퍼져 결국에는 용기 속 물 전체에 골고루 퍼지게 된다.

주제에 대한 고전물리학자의 접근

특별히 흥미롭지는 않지만 분명히 재미있으면서도 비교적 간단한 이 과정에서 주목할 것은, 과망간산칼륨 분자들이 우리의 상식과는 다르게, 활동 여지가 더 많은 지역으로 인구가 분산되는 것처럼 밀집된 지역에서 희박한 장소로 움직이려는 경향이나 힘이 있는 것은 결코 아니라는 점이다. 그러한 종류의 의지나 경향은 우리의 과망간산칼륨 분자에게는 없다. 모든 분자가 거의 독립적으로 운동을 하며 그것들끼리 만나서 충돌하는 경우도 거의 없는 셈이다. 밀집된 지역에 있든지 빈터에 있든지 모든 분자는 물분자의 충격에 의해 계속 떠돌아다니고 예측할 수 없는 방향으로 이동할 뿐이다. 어떤 때는 농도가 높은 쪽으로, 때로는 농도가 낮은 곳을 향해, 또 어떤 때는 비스듬히 움직이고 있다. 이러한 종류의 운동은 '걷겠다는' 욕망으로 가득한 사람이 눈을 가린 채 넓은 곳에서 아무런 방향의 지표 없이 계속 길을 바꾸면서 걷는 운동과 흔히 비교되곤 한다.

모든 과망간산염 분자에게 똑같은 이러한 '무작위 걷기'의 결과 농도가 낮은 곳으로의 일정한 흐름이 일어나 결국에는 분포가 균등해진다는 사실이 처음에는 혼란스럽게 여겨질 것이다. 그러나 처음뿐이다. 만약 <그림 4>에서 대략 균일한 농도를 가지는 얇은 조각을 고려한다면, 어느 순간에 어떤 조각에 들어 있는 과망간산염 분자들은 무작위 걷기에 의해 똑같은 확률로 오른쪽이나 왼쪽으로 움직일 것이다. 그러나 여기에서 더 정확히 관찰해보면 이웃하는 두 조각의 경계가 되는 평면을 통해서는 왼쪽 조각의 분자가 더 많이 통과할 것이다. 왜냐하면 왼쪽 조각에서 더 많은 분자가 무작위 걷기에 참가하고 있기 때문이다. 이것이 지속되는 한 왼쪽에서 오른쪽으로의 일정한 흐름이 있게 되고 결국 분포가 균등해진다.

이러한 논의를 수학적 언어로 정확하게 표현한 것이 다음과 같은 편미분방정식 형태의 확산법칙이다.

$$\frac{\partial \rho}{\partial t} = D\nabla^2 \rho$$

이 식의 뜻을 일상어로 풀어 이야기하면 별로 복잡하지는 않지만* 그렇더라도 그러한 설명을 덧붙임으로써 독자들을 괴롭히는 일은 하지 않겠다. 여기에서 단호하게 '수학적으로 정확한' 법칙이라고 말한 까닭은 그럼에도 불구하고 어떤 특수하고 구체적인 경우에 적용할 때에는 그 법칙의 물리학적 정확성이 항상 흔들릴 수 있다는 것을 강조하기 위해서이다. 어떤 현상이 순전히 우연에 기

---

* 심심풀이: 한 주어진 점에서의 농도는 무한소의 환경에서 거리에 따른 농도잉여(또는 부족)의 변화율로 증가(또는 감소)한다. 열전도의 법칙은 농도가 온도로 대치될 뿐 나머지는 확산법칙과 정확하게 같은 형태를 취한다.

초를 둔 것일 때 그것의 가능성은 근사적일 뿐이다. 대개 어떤 식으로 매우 타당한 근사값을 얻을 수 있다면 그것은 단지 그 현상을 나타내는 데 관여하는 분자의 수가 많기 때문이다. 그 수가 적을수록 매우 우연히 생기는 편차는 더 커지리라고 생각해야 한다. 그리고 그러한 편차도 적절한 상황하에서만 구할 수 있다.

세번째 보기 : 정확한 측정의 한계

마지막 보기는 두번째 것과 매우 비슷하지만 특별히 관심을 끄는 것이다. 길고 가는 섬유에 매달려 평형상태에 있는 가벼운 물체는, 그 물체를 평형위치에서 벗어나게 하는 미약한 힘을 측정하기 위해 물리학자들이 흔히 사용한다. 이때 수직축 주위로 물체를 뒤틀리게 하기 위해 전기력이나 자기력 또는 중력을 가한다. 물론 목적에 따라 가벼운 물체를 적절히 선택해야 한다. 흔히 쓰이는 기구인 '비틈저울'의 정확도를 높이기 위해 계속해서 노력이 기울여졌는데 결국 그 자체로 매우 재미있는, 묘한 한계에 부닥치게 되었다. 더욱더 작은 힘에 민감하게 반응하는 저울을 만들기 위해 더 가볍고 가늘고 긴 섬유를 선택하는 과정에서 한계에 이르게 되었던 것이다. 즉 이 과정에서 두번째 보기의 물방울 진동과 같이, 매달린 물체는 주위 분자들의 열운동 충격에 상당히 민감해져서 평형위치

주위를 계속 불규칙하게 '춤추면서' 맴돌기 시작했다. 이러한 운동이 저울로 얻을 수 있는 측정 정확도의 절대적인 한계를 결정하지는 않지만, 실용적인 면에서는 이것이 한계를 좌우하게 된다. 조정 불가능하고 예측할 수 없는 열운동의 효과는 측정하려는 힘과 경쟁을 하며 그 때문에 평형위치로부터의 개개 이탈을 관찰하는 것은 의미가 없어진다. 따라서 그 저울에서 브라운 운동의 효과를 없애기 위해 여러차례 관찰해야 한다. 나는 이 보기가 우리의 주제를 탐구하는 데 있어서 특별히 도움이 된다고 생각한다. 왜냐하면 결국 우리의 감각기관은 일종의 측정기구이기 때문이다. 감각기관이 매우 예민했다면 그것이 정말 쓸모 없는 것이 되었으리라는 사실을 우리는 이것을 통해 잘 알 수 있다.

$\sqrt{n}$ 규칙

지금으로서는 보기를 너무 많이 들었으니 더이상 드는 것은 당분간 그만두도록 하자. 다만 유기체 안에서나 환경과의 상호작용에서나 적절한 물리나 화학법칙들 가운데에서 내가 보기로서 선택하지 않을 법칙이란 하나도 없다는 것을 덧붙이고 싶다. 구체적인 내용은 다르고 조금 더 복잡할지 모르지만 요점은 항상 같으므로 이야기만 지리해질 것이다.

그러나 어느 물리법칙에서도 예측되는 부정확도에 관한, 이른바 √n 법칙에 관련된 매우 중요한, 정량적인 설명은 덧붙이려 한다. 우선 간단한 보기를 들어 설명하고 그 다음에 일반화할 것이다.

내가 여러분에게 어떤 압력과 온도조건에서 어떤 기체가 어떤 밀도를 가질 때 어떤 부피 속에 정확히 n개의 기체분자가 들어있다고 말한다면, 여러분은 실험을 통해 내 말을 검증할 수 있으며 내가 말한 값은 √n만큼의 편차를 가진, 즉 그 정도로 부정확하다는 사실을 발견하게 될 것이다. 여기에서 n이 100이라면 여러분은 편차가 약 10, 따라서 상대적 오차는 10%(10/100)가 됨을 발견하게 될 것이다. 그러나 만약 n이 1,000,000이라면 여러분은 편차가 약 1000, 따라서 상대적 오차는 0.1%(1000/1,000,000)임을 발견하게 될 것이다. 개략적으로 말해서 이러한 통계법칙은 상당히 일반적인 것이다. 물리법칙과 물리화학법칙은 $1/\sqrt{n}$ 크기 이내의 상대적 오차, 즉 부정확함을 가지는 것이다. 여기에서 n은 그러한 법칙이 성립되도록 서로 협동하는 분자의 수를 나타낸다. 어떤 사고과정이나 특수한 실험에서는 공간이나 시간 또는 양쪽 모두가 법칙의 타당성을 보장하는 데 있어서 중요한 구실을 하기도 한다.

위의 보기에서도 여러분은 한 유기체가 비교적 큰 구조를 가져야만 유기체의 생명현상과 외부세계와의 상호작용에 대해 편차가 작은, 즉 상당히 정확한 법칙이 성립한다는 사실을 알 수 있을 것이다. 왜냐하면 그렇지 않은 경우, 즉 상호협동하는 분자의 수가 너무 적을 때에는 '법칙'이 매우 부정확해지기 때문이다. 우리가 특별히 주목해야 할 것은 제곱근이다. 왜냐하면 1,000,000이 꽤나 큰 수이지만, 어떤 사물이 '자연의 법칙'이라는 권위를 주장하는 경우, 1/1000의 오차를 갖는 정확도란 상당히 좋은 것이라고는 할 수 없기 때문이다.

2 유전기전

> 존재는 영원하다. 왜냐하면 존재에 내재하는 법칙들은, 우주가 아름다움을 드러내는 생명이라는 보물을 보존하려 하기 때문이다.
> ―괴테

생명이란 무엇인가

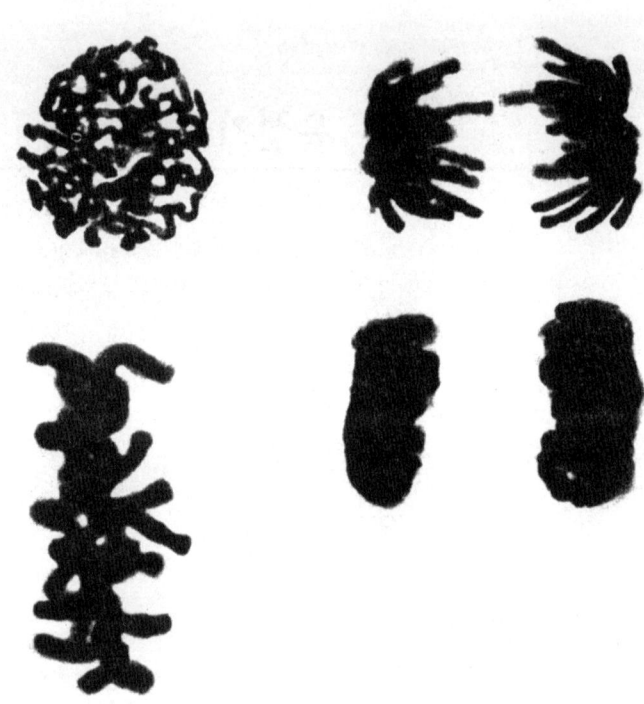

▲ **그림*** 식물세포의 유사분열과정
(a) 전기 (b) 중기 (c) 후기 (d) 종기

■ □ ■

고전물리학자의 결코 사소하지 않은 예측은 옳지 않았다

이렇게 하여 우리는 다음과 같은 결론에 도달하게 되었다. 즉 하나의 유기체와 그것이 경험하는 여러 생물학적인 과정은 매우 많은 원자로 이루어진 '다원자' 구조를 가져야 하고, 대단히 큰 의미를 가지며 우연의 특성을 띤 '단일 원자적인' 사건으로부터 보호되어야 한다는 것이다. 말하자면 유기체가 신비스러울 정도로 규칙적이고 질서정연한 일을 하기 위해서는 물리법칙에 매우 정확하게 따라야 하는데 그러기 위해서는 다원자 구조가 필수적이라고 '소박한 물리학자'는 말한다. 생물학적으로 말해 선험적으로, 즉 순전히 물리학적인 관점으로부터 얻은 이러한 결론이 실제적인 생물학적 사실들에 부합하는가?

얼핏 생각하면 그러한 결론은 별 것도 아닌 당연지사라고 생각하기 쉽다. 어떤 연사가 대중강연에서 통계물리가 다른 경우처럼 유기체에서도 중요하다고 강조하는 것은 타당하기는 하지만 사실 그 말은 자명하고 자못 진부한 것이라고, 30년 전(즉 1910년대-역주)의 생물학자는 말했을지 모른다. 그것은 당연히 고등생물 개개의 몸체뿐만 아니라 그것을 구성하고 있는 개개 세포도 온갖 종류의 원자를 수도 없이 많이 가지고 있기 때문이다. 그리고 세포 안에서 일어나든 또는 환경과의 상호작용과정에서 일어나든 우리가 관찰하는 모든 생리학적 현상은 관련되는 모든 물리법칙과 물리화학법칙의 토대가 되는, '수가 대단히 커야 한다'는 통계물리학의 매우 정확한 요구를 충족시킬 만큼 충분히 많은 원자와 원자적 과정을 포함하고 있는 것처럼 보인다. 적어도 30년 전에는 그렇게 보였다. 나는 1장에서 $\sqrt{n}$ 규칙으로 이 필요조건을 예시하였다.

오늘날 우리는 이 견해가 잘못된 것일지도 모른다는 사실을 알고 있다. 지금부터 검토하는 바와 같이 매우 작은, 정확한 통계법칙에 따르기 힘들 만큼 아주 작은 수의 원자집단이 살아 있는 유기체 안에서 일어나는 매우 질서 있고 규칙성이 있는 여러 사건에서 중요한 역할을 수행한다. 이들 원자집단은 발달과정 동안 유기체가 얻는 관찰 가능한 큰 규모의 여러가지 특성을 조절하며 유기체 기능의 중요한 특징을 결정한다. 그리고 모든 부분에서 이렇게 매우 날카롭고 엄격한 생물학적 법칙이 나타난다.

이제 생물학 특히 유전학의 현황에 대해 간략히 요약하는 것으로 시작해보고자 한다. 다른 말로 하면 내 전공이 아닌 분야가 요즈음 지적으로 어떤 상태에 있는지 요약하려고 하는 것이다. 이것이 도움이 안 될 수도 있으며 특히 생물학자들에게는 내 요약이 수박 겉핥기식이라는 것에 대해 미리 사과한다. 또한 여러분에게 잘 알려진 몇몇 개념을 다소 교조적으로 설명하더라도 양해해주기 바란다. 한편으로는 전례 없이 탁월한 발상으로 오랫동안 멋지게 진행되어온 교배실험에서 얻은 증거들과, 또 한편으로는 현대에 들어 더욱 세련된 현미경으로 직접 생체세포를 관찰하면서 얻은 여러가지 실험적인 증거들을 제대로 정리할 능력을 가련한 이 이론물리학자에게서 여러분이 기대할 수는 없을 것이다.

유전부호(염색체)

생물학자는 성숙한 개체나 어떤 특별한 발달시기에 있는 유기체의 구조와 기능뿐만 아니라 수정란에서부터 생식할 수 있는 성숙단계까지 개체발생의 모든 과정도 '4차원적 양식'이라는 말로 표현하는데, 나는 유기체의 '양식'이라는 낱말을 그것과 같은 뜻으로 사용하고자 한다. 지금은 이 모든 4차원적 양식이 한 개의 세포 곧 수정란의 구조에 의해 결정된다고 생각하고 있다. 더욱이 그 세포의 작은 부분 곧 세포핵의 구조에 의해 근본적으로 결정된다고 알고 있다. '휴지기' 상태의 일반세포에서 이 세포핵은 대개 세포 전체에 분포되어 있는 염색질*의 그물로 보인다. 그러나 세포분열(유사분열과 감수분열)이라는 매우 중요한 과정에서, 핵은 염색체라고 하는 미립자들로 이루어져 있음을 볼 수 있는데 이 미립자는 대개 섬유나 막대기 같은 모양이고 개수는 8이나 12, 또는 사람에서는 48이다. 그러나 이 숫자들을 2×4, 2×6,……, 2×24,……같이 썼어야 올바르다. 그리고 생물학자들의 관례에 따르자면 두 벌이라고 표현했어야 한다. 왜냐하면 각각의 염색체들은 종종 크기와 형태로 분명하게 구별되고 분간될 수 있지만, 두 벌은 서로 거의 완전히 같기 때문이다. 잠시 뒤에 말하겠지만 한 벌은 어머니(난자)로부터 오고 한 벌은 아버지(정자)에게서 온다. 개체의 발달양식과 성숙단계에서 나타나는 기능의 양식 모두를 일종의 부호형태로 간직하고 있는 것이 바로 이들 염색체이다. 완전한 염색체 한 벌에는 이러한 작용을 하는 모든 부호가 들어 있다. 그래서 일반적으로 수정란에는 두 쌍의 부호가 들어 있는데 이것이 개체발달의 맨 처음 단계를 규정한다.

  염색체라는 구조를 부호라고 부르는 것은 다음과 같은 뜻이다. 한때 라플라스가 생각하던 천리안적 지성, 즉 모든 인과관계가 당

---

* 이 말은 '색깔을 띠는 물질'이라는 뜻이다. 즉 현미경 기술에서 사용되는 염색 과정에서 색을 띠게 된다는 것이다.

장 자명해지는 이 지성은 염색체 구조만 보고서도 조건만 적당히 갖추어지면 수정란이 검은 수탉이나 반점 있는 암탉으로, 파리나 옥수수로, 철쭉으로, 딱정벌레로, 생쥐로 또는 여인으로 개체 발달할 것인지 알 수 있을 것이라는 뜻이다. 한마디 덧붙일 것은 수정란들의 모습이 흔히 매우 비슷하다는 점이다. 그리고 조류와 파충류의 비교적 거대한 수정란처럼 모습이 비슷하지 않은 경우라도 그것은 염색체 구조의 차이보다는 어떤 이유에 의해 공급되는 영양물질이 차이 나기 때문에 그러하다.

그러나 물론 부호라는 말은 의미가 너무 제한적이다. 염색체 구조는 동시에 그것들이 내포하고 있는 발달을 발현시키는 도구가 된다. 염색체들은 법전이면서 또한 행정력이다. 또는 다른 비유를 들자면 그것들은 건축가의 계획이면서 건설업자의 솜씨인 것이다.

세포분열에 의한 성장(유사분열)

그러면 염색체는 어떻게 개체발생*을 실현시키는가?

세포분열이 연속적으로 일어나면서 유기체가 성장하게 된다. 이러한 세포분열을 우리는 유사분열(有絲分裂)이라고 한다. 우리 몸

---

* 개체발생은 일생 동안 개체가 발달하는 것을 의미하는데 지질학상의 기간 동안 종(種)이 발달하는 '계통발생'과 대비된다.

을 구성하고 있는 세포의 수가 엄청나게 많다는 사실을 생각해 볼 때, 한 세포의 일생 동안 유사분열은 생각하는 바와 달리 그렇게 자주 일어나는 사건은 아니다. 처음에는 성장이 빠르다. 수정란은 2개의 '딸세포'로 분열하고 다음 단계로 4, 그 다음에는 8, 16, 32, 64...... 등으로 세대가 진행될 것이다. 세포분열의 빈도는 성장하는 신체의 모든 부분에서 정확하게 똑같지는 않다. 그 결과 이들 숫자의 규칙성이 깨지게 될 것이다. 그러나 2배수로 빠르게 증가한다는 사실로부터 판단해볼 때 간단한 계산을 통해 사람의 경우 평균 50번이나 60번 정도의 세포분열만으로도 성인에게 필요한 세포들*을 충분히 만들 수 있다. 일생 동안 일어나는 세포의 교체를 고려해서 세포가 10배 가량 더 필요하다고 하더라도 그 정도의 세포분열이면 충분하다. 그러므로 평균적으로 말해서 지금 내 몸을 이루고 있는 세포들은 과거에 나였던 수정란의 50대나 60대 '후손'일 뿐이다.

유사분열 과정에서 모든 염색체는 복제된다

염색체들은 세포가 유사분열을 할 때 어떻게 되는가? 두 벌 다, 곧 두 쌍의 부호들이 모두 복제된다. 이 과정은 현미경을 이용하여

---

* 아주 대략적으로 말해 100조 내지 1000조 개이다.

광범위하게 연구되었으며 매우 흥미진진한 것이지만 너무 복잡해서 여기에서 상세히 말할 수는 없겠다. 분명한 점은 두 '딸세포들' 각각이 모세포의 염색체와 정확히 같은 완전한 두 벌의 염색체를 물려받는다는 것이다. 그래서 한 개체의 모든 세포는 염색체에 관해서 정확히 똑같은 것이다.*

우리가 비록 염색체에 대해 잘 모르더라도, 염색체는 어떻게든 유기체의 기능에 적절한 것임에 틀림없고 모든 세포는 덜 중요한 세포일지라도 부호를 두 벌 가지고 있어야 한다고 생각할 수밖에 없다. 얼마 전에 신문에서 다음과 같은 기사를 본 적이 있다. 아프리카 전투에서 몽고메리 장군은 모든 장병에게 자기의 계획 모두를 꼼꼼하게 알려주었다고 말했다는 것이다. 이것이 진실이라면(그의 부대의 높은 지적 수준과 책임의식을 생각할 때 가능할 수도 있겠는데) 대응되는 사실이 문자 그대로 진실인 우리의 주제와 매우 비슷하다. 가장 놀라운 사실은 유사분열 동안 줄곧 염색체의 두 벌 구조(배수체 구조)가 유지된다는 것이다. 배수체 구조의 유지가 유전기전의 현저한 특징이라는 사실은 이 법칙에서 벗어나는 유일한 경우인, 이제 논의하려고 하는 감수분열에서 가장 잘 나타난다.

---

* 이 짧은 요약에서 모자이크형과 같은 예외적인 것을 고려하지 않더라도 생물학자들이 너그러이 나를 용서해줄 걸로 생각한다.

감수분열과 수정

개체발달이 시작되자마자 곧 어떤 세포들은 나중에 이른바 생식세포 곧 정자세포나 난자세포를 생산하기 위해 따로 유지된다. 이들 생식세포들은 성숙된 개체에서 생식을 하는 데 필요하다. '따로 유지된다'는 사실은 그 동안은 이것들이 다른 목적에는 쓰이지 않을 뿐만 아니라 유사분열도 별로 하지 않는다는 것을 뜻한다. 성숙해서 수정이 일어나기 바로 전에 이러한 따로 유지된 세포들이 감수분열을 일으켜 생식세포들이 생겨난다. 감수분열에서는 모세포 염색체의 배수체구조가 단순히 한 벌(반수체 구조)씩으로 갈라져서 그 각각이 생식세포인 2개의 딸세포 가운데 어느 하나로 전해진다. 다른 말로 하면 감수분열에서는 유사분열 때와는 달리 염색체의 복제가 생기지 않고 염색체 수가 유지되기 때문에 모든 생식세포는 단지 절반만 받게 된다. 즉 부호 두 벌이 아니라 한 벌만 전달된다. 사람에서는 $2 \times 24 = 48$개가 아니라 24개가 각각의 딸세포(생식세포)로 옮겨진다.

한 벌의 염색체만 가지고 있는 세포를 '반수체'라고 부른다. 그러므로 생식세포는 반수체이고, 보통의 체세포는 '배수체'이다. 모든 체세포가 세 벌, 네 벌……, 일반적으로 말하면 염색체를 여러 벌 더 가지는 개체가 가끔 생기는데 그러한 세포들을 각각 삼수체,

유전기전

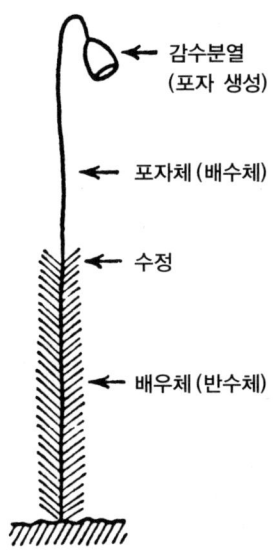

▲ 그림 5. 세대의 교대

사수체……, 다수체라고 부른다.

수정이 일어날 때 반수체 세포들인 남성 생식세포(정자)와 여성 생식세포(난자)는 결합하여 수정란을 만드는데 이때 배수체가 된다. 이 염색체 두 벌 가운데 한 벌은 어머니로부터 다른 한 벌은 아버지에게서 오는 것이다.

반수체 구조를 갖는 개체

한 가지 점에서 수정을 요한다. 우리의 목적에 필수불가결한 것은 아니지만 실제적으로 '양식'에 대한 거의 완전한 부호(암호)가 모든 염색체 한 벌 속에 있기 때문에 실제로 흥미로운 것이다.

감수분열을 하는 것들 중에서, 감수분열 뒤에 곧 수정이 일어나지 않고 배우자 세포인 반수체 세포가 여러 차례 유사분열을 하면서 완전한 반수체 개체를 형성하게 되는 경우도 있다. 한 가지 보기인 수펄은 여왕벌의 반수체 난자로부터 수정되지 않은 채 생기는데 이를 처녀생식 또는 단성생식이라고 한다. 수펄에게는 아버지가 없다! 그리고 수펄의 모든 체세포는 반수체이다. 여러분이 원한다면 수펄을 커다란 정자라고 불러도 좋을 것이다. 또한 모든 사람이 알고 있는 바와 같이 수펄이 실제로 일생동안 하는 유일한 일도 정자가 하는 일과 같다. 그러나 아마도 이것은 별스럽지는 않은 보기이다. 왜냐하면 이러한 것이 아주 특이한 것은 아니기 때문이다. 식물들 가운데 몇몇 과(科)는 감수분열에 의해 생긴 포자라고 부르는 반수체 배우자 세포가 땅에 떨어져서, 씨와 마찬가지로 크기에 있어서 배수체 식물과 비교될 만한 반수체 식물로 성장한다. <그림 5>는 우리들이 숲에서 흔히 볼 수 있는 이끼를 모식적으로 그린 것이다. 잎이 달린 아래 부분은 배우체라 불리는 반수체 식물이다. 배우체라 하는 것은 반수체 부분의 맨 위에서 성기관과 배우자 세포가 발달하기 때문이다. 이 성기관과 배우자 세포는 상호수정에 의해 보통 방식대로 꼭대기에 꼬투리가 달린 밋밋한 줄기를 가진 배수체 식물을 생성한다. 그리고 맨 꼭대기에 있는 꼬투리 안에서 감수분열에 의해 포자를 만들기 때문에 이 부분을 포자체라고 부른다. 꼬투리가 열릴 때 포자가 땅에 떨어져 다시 잎이 있는 줄기로 발달하는 과정을 되풀이하는데 이렇게 반복되는 과정을 적절하게 세대교체라고 부른다. 여러분이 원한다면 사람과 동물에서의 일상적인 과정도 마찬가지로 생각해 볼 수 있다. 그러나 대개 '배우체'는 정자나 난자가 그러하듯이 수명이 매우 짧고 단일세포적 세대일 뿐이다. 우리의 몸은 포자체에 해당한다. 우리의 '포자들'은 따로 유지된 세포들이고 이들 세포로부터 감수분열에 의해 단일세포적 세대가 생기는 것이다.

감수분열이 갖는 의미

개체의 생식과정에서 중요하고 사실상 결정적인 사건은 수정이 아니라 감수분열이다. 한 벌의 염색체는 아버지로부터, 또 한 벌은 어머니로부터 물려받는다. 여기엔 우연도 운명도 간섭할 수 없다. 모든 남자[*]는 어머니로부터 유전적 성향의 반을 물려받고, 나머지 반은 아버지로부터 이어받는다. 흔히 한 가지 유전적 소질이 더 우세한 것처럼 보이는 것은 나중에 논의하게 될 다른 이유들 때문이다(성 그 자체도 물론 그러한 우세함의 가장 간단한 보기이다).

그러나 여러분이 자신의 유전적 소질의 기원을 찾아 할아버지, 할머니까지 거슬러올라갈 때는 사정이 달라진다. 염색체 가운데에서 내가 아버지로부터 받은 것, 특히 그것들 중의 하나인 가령 5번 염색체에 주의를 집중시켜 보겠다. 이 5번 염색체는 내 아버지가 할아버지로부터 받은 5번 염색체 또는 할머니로부터 받은 5번 염색체의 충실한 복사이다. 1886년 11월 감수분열이 내 아버지의 몸에서 일어나 며칠 뒤에 나를 잉태하게 된 정자를 생산했을 때 위 문제는 50:50의 확률로 결정되었다. 이것과 똑같은 이야기를 1, 2, 3,……, 24번 염색체에 대해 할 수 있고 같은 방식을 어머니 쪽 염

---

[*] 어쨌든 모든 여자도 마찬가지이다. 복잡함을 피하기 위해 이 요약에서는 매우 재미있는 분야인 성 결정과 색맹 같은 반성유전적 특성은 생략하였다.

색체들에 대해서도 적용할 수 있다. 더욱이 이들 48가지의 문제는 완전히 독립적으로 결정된다. 아버지쪽의 5번 염색체는 할아버지인 요세프 슈뢰딩거로부터 물려받은 것이라고 하더라도, 7번 염색체는 여전히 할아버지로부터 또는 할머니인 마리로부터 같은 확률로 물려받았을 것이다.

교차. 유전적 특성의 위치

앞에서 어떤 한 가지 염색체가 할아버지로부터 또는 할머니로부터 한덩어리로서 온다고, 달리 표현하면 개개의 염색체가 분할되지 않은 채 전달된다고 암암리에 가정하거나 또는 분명하게 설명하였다. 그리고 우리는 확률이론을 자손들에 전해지는 조부모 유전자기질의 혼합과정에 그보다 더 광범위하게 적용해왔다. 그러나 실제로는 개개의 염색체가 분할되지 않은 채 전달되는 것이 아니다. 또는 항상 그런 것이 아니라고 말할 수 있다. 가령 아버지의 몸에 있는 한 염색체가 감수분열을 하면서 분리되기 전에, 2개의 '동질적' 염색체가 서로 가깝게 접촉하게 되고 그 동안에 <그림 6>에 보이는 바와 같이 어떤 부분들은 때때로 교환된다. '교차'라고 하는 이 과정에 의해 한 염색체의 다른 부분에 있던 두 가지 특성은 손자 때에 와서 분리되어, 손자는 한 염색체에 할아버지와 할머니로부터

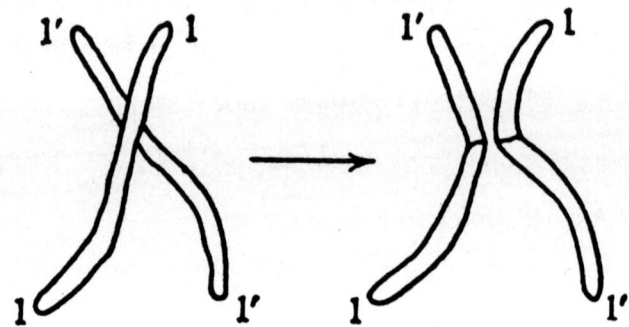

▲ **그림 6**. 교차 현상. 왼쪽 : 2개의 '동질적' 염색체가 서로 가깝게 접촉함.
오른쪽 : 염색체가 부분적으로 교환된 뒤 분리함.

물려받은 특성을 함께 가지게 된다. 교차현상은 매우 드물거나 반대로 매우 흔하지도 않으며, 어떠한 특성이 염색체내 어디에 있는지를 알 수 있게 해준다. 설명을 충분히 하기 위해서는 다음 장에 나올 '이형접합'이나 '우성'과 같은 새로운 개념을 도입해야 한다. 그러나 그렇게 하면 이 작은 책의 범위를 넘을 것이므로 우선은 두드러진 점만 지적하고자 한다.

교차현상이 없다면 같은 염색체에 있는 두 가지 특성은 항상 함께 전달되고, 어느 후손도 한 가지 특성을 물려받는 일이 없이 다른 특성만을 받을 수는 없을 것이다. 그러나 두 가지 특성이 각기 다른 염색체에 있을 경우에는 두 특성은 50:50의 확률에 따라 분리되거나 항상 분리될 것이다. 후자의 경우는 두 가지 특성이 같은 조상의 동질성 염색체에 있을 때 생기며, 두 특성은 결코 함께 전달될 수 없다.

 이러한 규칙과 확률은 교차에 의해 깨어진다. 이러한 일이 일어날 가능성은 이 목적에 맞게 적절히 고안된, 광범위한 교배실험에서 자손에 나타나는 특성의 구성비율을 주의 깊게 관찰함으로써 확인할 수 있다. 실험성적을 분석하는 데 있어서, 우리는 같은 염색체에 있는 두 가지 특성이 서로 가까이 있을수록 그들 사이의 '연계'가 교차현상에 의해 덜 깨어진다는 예비가설을 받아들인다. 왜냐하면 두 특성이 가까이 있으면 그 사이에 교환점이 존재할 가능성이 적은 반면 염색체의 양끝 가까이에 있으면 교차현상이 일어날 때마다 분리되기 때문이다(똑같은 사실이 같은 조상에서 온 동질적 염색체들에 있는 특성들의 재결합에도 적용된다). 이러한 방식으로 '연계에 대한 통계'를 분석함으로써 모든 염색체 안에 있는 '특성 지도'를 얻을 수 있을지 모른다.

 이러한 예상은 충분히 확인되어왔다. 실험이 철저히 수행된 경우(유일한 것은 아니지만 주로 초파리에서 행해졌다), 검증된 특성들은 염색체 수만큼(초파리에서 4개) 별개의 집단으로 분리되었는데 그것들 사이에는 연계가 없었다. 각각의 집단 안에서 개개 특성의 위치에 대해 직선적인 지도를 그릴 수 있었는데, 그 지도를 보아 한 가지 집단 속에 있는 두 가지 특성 사이의 연계정도를 정량적으로 판단할 수 있었다. 그 결과 실제로 특성이 어디에 있으며 염색체의 막대기 같은 모양이 시사하는 바와 같이 직선을 따라 어디에 있는지에 대해 거의 의심하지 않게 되었다.

물론 이렇게 그려진 유전기전의 모식도는 여전히 공허하고 생동감이 없으며 소박하기조차 하다. 왜냐하면 특성이라는 낱말이 정확히 무엇을 뜻하는지를 언급하지 않았기 때문이다. 근본적으로 '전체'라는 하나의 단위인 유기체의 존재양식을 몇 개의 구별된 '특성들'로 분해하는 것은 부적절하고 불가능한 것 같다. 우리가 어떤 구체적인 경우에 실제로 언급하는 것은 한 쌍의 조상이 어떤 뚜렷한 점에서 달랐고(가령 한 사람은 파란 눈을, 다른 사람은 갈색 눈을 가지고 있었다는 따위), 자손은 그 점에서 이 조상 아니면 저 조상을 따르게 된다는 것이다. 우리가 염색체에서 찾으려고 하는 것은 이러한 차이를 나타내는 자리이다(우리는 전문적 용어로 이 자리를 '유전자좌'라고 하며 이것을 이루고 있는 가설적인 물질구조를 '유전자'라고 부른다). 언어학적으로나 논리적으로나 틀림없이 모순된 설명이기는 하지만, 내 생각으로는 특성 자체보다 특성의 차이가 더 근본적인 개념이다.

다음장에서 우리가 변이에 대해 언급하게 될 때 특성의 차이라는 개념의 뜻은 명확해지고 지금까지 이야기한 삭막한 모식도가 생기와 색조를 얻게 될 것이다.

유전자의 최대 크기

우리는 방금 어떤 뚜렷한 유전적 특성을 간직하는 가설적인 물질에 대해 '유전자'라는 낱말을 사용하였다. 이제 우리의 탐구에 매우 적절한 두 가지 점에 대해 강조해야 한다. 첫째는 그러한 물질의 크기, 더 타당하게는 최대 크기이다. 다른 말로 하면 우리가 얼마만큼 작은 부피에 이르기까지 위치(유전자좌)를 확인할 수 있을까? 두번째 문제는 유전양식의 영속성으로부터 추론되는 유전자의 영원성(또는 내구성)에 관한 것이다.

크기에 관해서는 완전히 별개인 두 가지 평가방법이 있다. 그 가운데 하나는 교배실험으로 얻게 되는 유전적 증거에 의한 것이고, 다른 하나는 직접 현미경으로 조사하여 얻는 세포학적 증거에 의한 것이다. 첫번째 방법은 원리상 매우 간단하다. 위에 설명한 것과 같이, (예컨대 초파리의) 어느 염색체가 나타내는 눈에 잘 띄는 여러가지 특징의 위치를 그 염색체의 어딘가에 있다고 가정한 뒤에, 측정한 염색체의 길이를 특징의 가지 수로 나누고 다시 단면적을 곱해주기만 하면 유전자의 크기를 구할 수 있다. 왜냐하면 교차현상에 의해 가끔 분리되는 특징들만을 다른 것으로 생각하면 되는데 그러한 것은 현미경적 크기이든 또는 분자 수준의 크기이든 같은 구조에서 생길 리가 없기 때문이다. 한편 유전적 분석에 의해 확인되는 특징의 수는 작업이 진행되면서 계속 증가하기 때문에, 이러한 식의 평가는 단지 크기의 최대값만을 알려주고 있다는 것이 분명하다.

다른 평가방법은 비록 현미경을 이용한 관찰에 기초하지만 실제로는 상당히 간접적이다. 초파리의 어떤 세포들, 즉 침샘의 세포들은 어떤 이유로 상당히 커져 있는데 그 세포의 염색체도 마찬가지이다. 여러분은 그 염색체들을 가로지르는 여러 개의 어두운 띠가 밀집되어 있는 양상을 볼 수 있다. 달링튼은 이러한 띠의 개수가 (그는 2,000이라고 했지만 그보다 상당히 더 많을 것이다) 교배실험에 의해 염색체에 위치한다고 밝혀진 유전자의 수와 대략 비슷하다는 데에 주목하였다. 달링튼은 이들 띠를 실제적인 유전자라고 (또는 유전자의 구성물이라고) 간주하려는 경향이 있다. 달링튼은 보통 크기의 세포에서 측정된 염색체의 길이를 그가 생각한 수, 즉 2,000으로 나누어서 한 유전자의 부피가 한 변이 300Å인 정육면체와 같다고 하였다. 그러한 평가와 계산이 개략적인 것이므로 이러한 값은 첫번째 방법으로 얻은 것과 같다고 간주해도 좋을 것이다.

작은 숫자들

내가 생각해낸 모든 사실과 통계물리학의 관련성, 달리 말하자면 지금까지 논의한 생체세포에서의 여러가지 현상을 통계물리를 이용하여 설명한 것이 타당한지에 대해서는 뒤에 충분히 검토할 것이다. 그러나 지금은 300Å이란 액체나 고체상태에서 원자거리의 100 내지 150배 정도일 따름이어서 한 개의 유전자는 기껏 백만 내지 몇 백만 개의 원자를 포함할 뿐이라는 사실에 논의의 초점을 맞추고자 한다. $\sqrt{n}$ 관점에서 보면 이 숫자는 아주 작은 것으로 통계물리학 법칙에 따른 질서정연하고 일관된 행동을 나타낼 수 없다. 이것은 다만 일반물리학 법칙에 따르는 현상임을 뜻한다.

비록 모든 원자가 기체나 한 방울의 액체에서와 똑같은 역할을 수행한다고 할지라도 이 숫자는 너무 작다. 그리고 유전자는 순수한 액체방울 같은 것이 아니라는 점도 매우 확실하다. 그것은 아마 큰 단백질분자일 것이며(이것은 나중에 핵산임이 밝혀졌는데 슈뢰딩거가 이 책을 쓸 당시의 지식으로부터 얻은 이러한 추론은 잘못된 것임을 보여주는 것이다─역주) 이 단백질 분자 속에서 모든 원자, 모든 래디컬, 모든 복소환식고리는 비슷하지만 똑같지는 않은 원자, 래디컬, 고리들이 수행하는 역할과는 다소 다른 나름대로의 역할을 수행한다. 어쨌든 이것이 할데인과 달링튼과 같은 선도적인 유전학자들의 의견이다. 그리고 우리는 곧 이러한 사실을 거의 입증할 수 있을 정도로 발달한 몇 가지 유전실험에 관해 언급해야 할 것이다.

영속성

이제 관련이 매우 깊은 두번째 문제로 방향을 돌려보자. 우리가 유전적 특성에서 보게 되는 영속성은 어느 정도이며, 그리고 그러한 영속성은 유전적 특성을 간직하고 있는 물질구조와는 얼마만큼 관계가 있는가?

이 문제에 대한 해답은 특별한 조사 없이도 주어질 수 있다. 우리가 유전적 특성에 대해 이야기하고 있다는 이 사실 자체가 영속성은 거의 절대적이라는 점을 인정한다는 것을 잘 보여준다. 왜냐하면 부모로부터 자식에게 전해지는 것들이 단지 이러저러한 특성들, 즉 매부리코, 짧은 손가락, 류머티즘에 잘 걸리는 성향, 혈우병, 이색성 색각 등만이 아니라는 사실을 우리는 잊어서는 안되기 때문이다. 이러한 특성들은 유전법칙을 연구하기 위해 편의대로 우리가 선택한 것일지도 모른다. 그러나 그러한 특성은 결합하여 한 개의 수정란을 만드는 두 세포(정자와 난자)의 핵 속에 있는 물질구조에 의해 전달되고 만들어지는 '표현형질'의 전체(4차원) 양식, 즉

유전기전

개체의 가시적이고 뚜렷한 성질들로서 몇만 년에 걸쳐서는 변할지 몰라도 몇 세대 사이에는 큰 변화 없이 유전되어서 몇 백 년 동안은 영속적이다. 이것은 매우 경이적인 일로서 단지 한 가지만이 이것보다 더 경이롭다. 그 경이로운 것들은 서로 긴밀하게 연계되어 있지만 또한 서로 다른 차원에 속해 있는 것이다. 내가 이야기하고 있는 것은, 우리의 전존재가 이런 종류의 경이로운 상호작용에 전적으로 기초하고 있으면서 동시에 바로 그러한 사실에 대해 대단히 많은 지식을 얻을 능력을 가지고 있다는 점이다. 나는 그러한 지식의 축적으로 첫번째의 경이로움에 대해 우리가 거의 완전히 이해하게 될지도 모른다고 생각한다. 그러나 두번째의 경이로움은 당연하게도 인간이 이해할 수 있는 울타리 바깥에 있을 것이다.

3 돌연변이

그리고 파도가 치듯 떠다니는 사물들을, 네 끊임없는 사색으로
붙잡으리라.
—괴테

▲ **그림*** 그레고르 멘델(1822-1884년), 유전학의 아버지

'도약적인' 돌연변이들—자연선택의 활동무대

유전자 구조에 요구되는 영속성의 증거로 조금 전에 제시했던 일반적인 사실들은 아마도 너무 잘 알려져 있는 것이어서 인상적이거나 또는 설득력 있는 것으로 여겨지지 않을지도 모른다. 여기에서 '예외가 있다는 말은 법칙이 있다는 것을 뜻한다'라는 속담이 실제로 진실이다. 자식과 부모가 닮았다는 사실에 예외가 없다면, 우리에게 자세한 유전기전을 밝혀주는 그러한 모든 멋진 실험들뿐만 아니라 자연선택과 적자생존으로 여러가지 종을 만들어낸 거대하고 몇 백만 배나 되는 자연의 실험도 없을 것이다.

다시 나는 생물학자가 아니라는 변명과 함께, 우리의 주제와 관련 있는 사실들을 보여주는 출발점으로서 방금 이야기한 문제를 택하고자 한다.

오늘날 우리는, 다윈이 가장 동질적인 집단에서조차도 작고 우연한 변이가 연속해서 일어나야만 자연선택이 가능하다고 생각했던 것이 잘못이라는 사실을 분명히 알고 있다. 왜냐하면 그러한 변이는 유전되지 않는다는 것이 증명되었기 때문이다. 이 사실은 상당히 중요하므로 짧게나마 예를 들어 설명하는 것이 좋겠다. 만약 여러분이 단일품종의 보리를 많이 취해서 이삭 하나하나에 대해 꺼끄러기의 길이를 측정하여 그 결과를 도식화하면 <그림 7>에 보이는 것과 같은 종 모양의 곡선을 얻을 것이다. 이 그림에서는 일정한 길이의 꺼끄러기를 가진 이삭 수를 길이에 대해 도식화하고 있다. 중간 길이의 것이 가장 많고 양쪽 끝으로 갈수록 점점 빈도가 줄어든다. <그림 7>에 검게 칠해진 부분에서 분명히 평균보다 큰 꺼끄러기를 가진 이삭들을 뽑아낸다. 밭에 뿌릴 경우 다시 수확할 수 있을 만큼 충분히 많이 뽑아야 한다. 다시 수확한 이삭 하나하나에 대해 꺼끄러기의 길이를 측정하여 조금 전과 같은 방법으로 그림을 그릴 경우, 다윈은 대응하는 곡선이 오른쪽으로 이동하리라고 기대할 것이다. 다른 말로 하면 그는 인위적인 선택에 의해 꺼끄러기의 평균 길이를 증가시키는 일이 가능하다고 기대할 것이다. 만약 정말로 순수한 교배를 한 단일품종의 보리를 사용하였다면 그러한 일은 생길 수 없다. 이런 식으로 선택된 보리에서 얻은 새 통계곡선은 처음의 것과 동일하고 아주 짧은 꺼끄러기를 가진 이삭을 파종하였어도 결과는 마찬가지이다. 이러한 선택은 아무런 효과도 나타내지 않는다. 왜냐하면 작고 연속적인 변이는 유전되지 않기 때문이다. 그러한 변이는 분명히 유전물질의 구조에 기초를 두고 있지 않으며 우연히 일어났음에 틀림없다. 그러나 40년쯤 전에 네덜란드 사람 드브리스는 완전히 순수하게 교배를 한 가계의 자손들에서도 아주 적은 수의 개체에서, 가령 몇만 개 가운데 두세 개에서 작지만 '도약적인' 변화를 나타내는 것을 발견하였다. '도약적'이라는 표현은 변화가 매우 크다는 사실을 뜻하는 말이 아니라 변화하지 않은 것과 변화한 것 사이에 중간형이 없다고 할 정도로 불연속성이 있다는 것을 뜻한다. 드브리스는 이러한 현상을 돌연변이라고 불렀다. 중요한 사실은 '불연속성'이다. 이것은 물리학자로 하여금 바로 이웃하는 에너지 준위 사이에는 에너지의 중간단계가 없다는 양자물리학 이론을 연상케 한다. 물리학자는 드브리스의 돌연변이설을 비유적으로 생물학의 양자론이라고 부르고 싶을 것이다. 우리는 나중에 이것이 비유 이상의 의미가 있다는 것을 알게 될 것이다. 돌연변이는 실제로 유전자 분자에 '양자도약'이 일어나서 생긴다. 그러나 드브리스가 1902년에 처음으로 자기의 발견을 발표했을 때 양자론은 겨우 두 살이었다. 물리학과 생물학 사이의 이러한 관련성을 발견하는 데 또 한 세대가 걸렸다니!

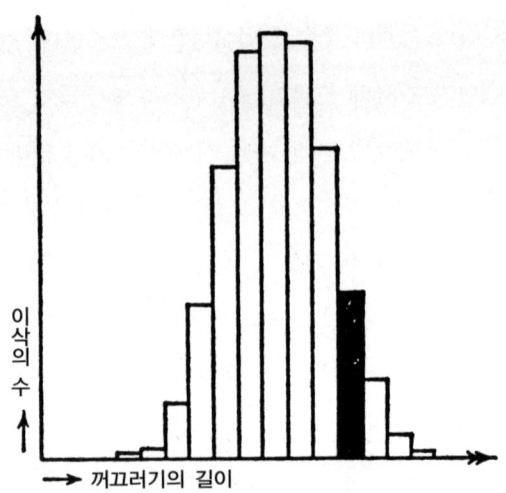

▲ 그림 7. 순수 교배된 보리 이삭의 꺼끄러기 길이에 대한 계측값. 검은 칠을 한 집단을 파종하기 위해 선택한다(이 값들은 실제 실험과 측정을 통해 얻은 것은 아니며 단지 설명을 위해 예시한 것이다).

돌연변이만 진정으로 교배된다. 즉 완전하게 유전된다.

돌연변이는 변화하지 않은 원래의 특징들과 똑같이 완전하게 유전된다. 위에서 예를 들었던 보리작물에 대해 다시 생각해보면, 몇몇 이삭은 <그림 7>에서 보여준 변이의 범위를 상당히 벗어나는

돌연변이

꺼끄러기를 가지게 될 것이다. 가령 꺼끄러기가 전혀 없는 경우도 있을 수 있겠다. 이것이 드브리스 돌연변이의 한 가지 예이며 그리고 그것은 교배를 통해 완전히 유전될 것이다. 즉 모든 후손들이 똑같이 꺼끄러기가 없게 될 것이다.

돌연변이는 분명히 유전보배(즉 유전자)의 변화에 의한 것이며 따라서 유전물질의 어떤 변화에 의해 생기는지를 설명하여야 한다. 실제로 우리에게 유전기전을 알게 해준 중요한 교배실험들 가운데 대부분이 고안된 계획에 따라 돌연변이 된 것과 안된 것 또는 다르게 돌연변이 된 개체들을 교배시켜서 얻은 후손들을 주의 깊게 분석하는 것이다. 한편 돌연변이는 실제로 교배가 되기 때문에 부적절한 것은 제거되고 적자만이 생존하여서 다윈이 기술한 것과 같이 자연선택이 작동하고 여러가지 종이 만들어지는 적절한 방법이 된다. 다윈의 이론에서, 여러분은 '사소한 우연적 변이'를 '돌연변이'로 대치해야 한다(양자론이 '에너지의 연속적인 이동'을 '양자도약'으로 대치한 것과 마찬가지로). 내가 대부분의 생물학자가 가진 관점*을 올바르게 이해하고 있다면 나머지 모든 점에서는 다윈

---

* 유용하고 유리한 방향으로 돌연변이가 잘 일어나는 경향이 자연선택에 도움이 될 것인지 하는 문제에 대해 지금까지 많은 토론이 있었다. 이 문제에 대한 내 개인적 관점은 하찮은 것이다. 그러나 방향성을 가진 돌연변이가 있으리라는 점은 앞으로의 논의에서 무시될 것이라는 사실은 말할 필요가 있다. 더욱이 선택과 진화의 실제기전에 아무리 중요하다고 해도 '스위치 유전자'와 '다유전자'의 상호작용에 대해 이곳에서 언급할 수는 없다.

이론에 수정을 가할 필요가 없겠다.

위치(유전자좌)의 측정. 열성과 우성

우리는 지금 돌연변이에 대해 그밖의 몇 가지 근본적인 사실과 개념을 재검토해야 한다. 이것들이 어떤 실험적 증거로부터 어떻게 유래되었는가를 일일이 검토하지는 않고 약간 교조적인 방식으로 재검토할 것이다.

우리는 분명하게 관찰된 돌연변이가 한 염색체의 일정한 영역에 변화가 생겨서 일어난다고 예상해야 한다. 그리고 실제로도 그렇다. 동질성염색체의 대응되는 '유전자좌'에도 변화가 생기는 것이 아니고 한 염색체에만 변화가 생겨 돌연변이가 일어난다는 것을 우리가 분명히 알고 있다는 점을 말할 필요가 있다. <그림 8>은 이러한 사실을 도식적으로 보여주고 있으며 X표는 돌연변이가 일어난 위치를 나타내고 있다. 단지 한 염색체만 영향을 받는다는 사실은 돌연변이가 일어난 개체(흔히 돌연변이체라고 한다)를 돌연변이가 안 일어난 개체와 교배했을 때 밝혀진다. 왜냐하면 자손의 정확히 반은 돌연변이체 특성을 나타내고 나머지 반은 정상적인 특성을 나타내기 때문이다. <그림 9>에 매우 도식적으로 나타낸 것과 같이, 이것은 돌연변이체가 감수분열을 할 때 두 염색체가 분리

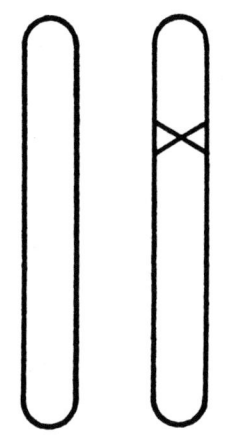

▲ 그림 8. 이형접합 돌연변이체. X 표는 돌연변이가 일어난 유전자를 가리킨다.

되는 결과로 나타나는 것이라고 생각된다. 이 그림이 '가계도'인데 문제가 되는 염색체 쌍에 의해 간단히 3세대에 걸친 모든 개체를 나타내고 있다. 만약 돌연변이체의 염색체 쌍 둘 다에 변화가 생겼다면 모든 자식들이 같은 (혼합된) 유전적 기질을 가지게 되어 부모의 어느 쪽과도 다를 것이다.

그러나 이러한 영역에서 행해지는 실험이 방금 말했던 것처럼 간단하지는 않다. 두번째 중요한 사실, 즉 돌연변이들이 매우 흔히 눈에 띄지 않는다는 사실 때문에 일이 복잡해진다. 이것은 무슨 뜻인가?

돌연변이체에서는 유전부호의 두 복사본이 더 이상 똑같지 않다. 이 돌연변이체는 염색체의 같은 장소에 2개의 서로 다른 부호를 가지고 있다. 그리고 원본은 '정통파'이고 돌연변이체는 '이단자'라고 간주하는 것은 솔깃해지는 표현이기는 하지만 완전히 잘못된 것이라고 지적하고 싶다. 원리적으로 둘 다 똑같은 권리를 갖고 있

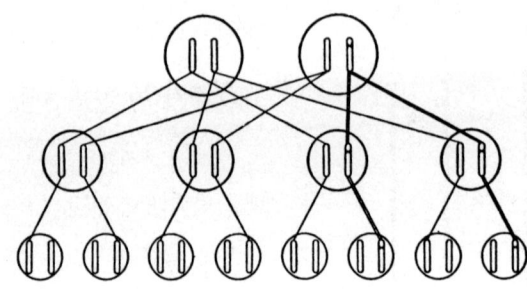

▲ 그림 9. 돌연변이의 유전. 한 줄로 된 직선은 한 개의 정상 염색체가 후손에 전해지는 것을 나타내며 두 줄 선은 돌연변이 염색체의 전달 경로이다. 제2세대의 배우자는 이 가계도에 나타내지 않았다. 그 배우자들은 친족이 아니므로 돌연변이와는 무관하다고 생각하면 된다.

는 것으로 간주해야 한다. 왜냐하면 여기에서 정상적이라고 하는 특성들도 과거의 돌연변이에서 유래하였기 때문이다.

실제로 대개 개체에 나타나는 발현 '양식'은 염색체 쌍 중의 한 가지를 따르며 그것은 정상이거나 돌연변이를 한쪽 어디에서든 올 수 있다. 발현되는 것을 우성이라 부르고, 발현이 안 되는 것은 열성이라고 한다. 다른 말로 하면 돌연변이는 양식을 변화시키는 데에 당장 효과적인지에 따라 우성 또는 열성이라 불리게 된다.

열성적 돌연변이는 우성적인 돌연변이보다 더 자주 발생하고 매우 중요하지만, 처음부터 발현형질로 나타나지는 않는다. 발현양식

돌연변이

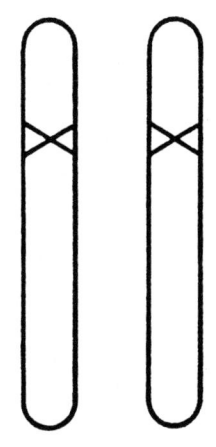

▲ **그림 10**. 동형접합 돌연변이체. 이형접합 돌연변이체(그림 8)의 자가수정, 또는 똑같은 돌연변이체 두 개의 교배로 자손의 1/4에서 나타난다.

을 바꾸기 위해서는 열성적 돌연변이가 염색체 쌍 모두에 있어야 한다(<그림 10> 참고). 2개의 같은 열성적 돌연변이체가 우연히 서로 교배하든지 또는 돌연변이체가 그 자체와 교배하든지 해야 이러한 개체가 생길 수 있다. 이러한 것은 양성(兩性)식물들에서 가능하고 자연발생적으로 일어나기도 한다. 쉽게 생각해보면 이러한 경우 자손의 1/4이 이같은 유형이고 돌연변이 양식이 눈에 띄게 발현됨을 알 수 있다.

전문적인 용어의 도입

논의를 명료하게 하기 위해 여기에서 전문적인 용어 몇 가지에 대해 설명하고자 한다. 원래의 (정상적인) 것이든 돌연변이이든 내가 '부호화'라고 불렀던 것에 대해 '대립유전자'라는 용어를 사용하겠다. <그림 8>에서 보인 바와 같이 대립유전자가 다를 때 그 개체를 그 위치(유전자좌)에 관련하여 이형접합체라고 부른다. 돌연변이가 일어나지 않은 개체나 <그림 10>에서와 같이 대립유전자가 같을 때는 동형접합체라고 부른다. 그리고 열성 대립유전자는 동형접합체일 때에만 발현양식에 영향을 미치고 우성 대립유전자는 동형이든 이형접합체이든 같은 양식을 발현시킨다.

색깔은 흔히 무색(또는 흰색)에 대해 우성이다. 그러므로 예를 들면 완두콩은, 문제되는 두 염색체 모두에 '흰색을 나타내는 열성 대립유전자'가 있을 때 즉 '흰색에 대해 동형접합체'일 때에만 흰 꽃을 피울 것이다. 그러나 염색체 하나에만 '빨간색 우성 대립유전자'가 있을 때(다른 쪽은 흰색 대립유전자를 가진 이형접합체)이든 두 염색체 다 '빨간색 대립유전자(동형접합체)'를 가졌을 경우이든 모두 빨간 꽃을 피울 것이다. 이때 두 경우의 차이점은 자손들에서 나 나타날 것이다. 즉 이형접합체의 빨간색 유전자는 하얀색 자손들을 어느 정도 만들어내고 동형접합체의 빨간색 대립유전자는 빨간색 자손들만 만들어낼 것이다.

두 개체가 유전적 특징은 다르면서 겉모양이 정확히 같다는 사실은 매우 중요한 것으로서 정확한 구별이 필요하다. 유전학자들은 이들 개체가 가진 '표현형질'은 같지만 '유전형질'은 다르다고 말한다. 앞 단락의 내용은 다음과 같이 간략하지만 매우 전문적인 표현으로 요약할 수 있겠다.

"열성 대립유전자는 유전형질이 동형접합일 때에만 표현형질의 발현에 영향을 미친다."

우리는 때때로 이와 같은 전문적인 표현들을 사용할 것이다. 그러나 필요한 경우에는 이러한 표현이 갖는 뜻을 비전문적인 용어로 여러분에게 설명하려고 한다.

근접 교배의 해로운 효과

열성 돌연변이들은 이형접합인 한 자연선택이 일어날 수 있는 근거가 물론 되지 못한다. 돌연변이들이 흔히 그렇듯이 해로운 돌연변이일지라도 (유전자 속에) 잠복되어 있는 까닭에 제거되지 않는다. 그러므로 상당한 수의 바람직하지 않은 돌연변이들이 당장에는 해를 끼치지 않으면서 축적되어 있게 된다. 그러나 물론 이것들은 자손의 절반에게 전달이 되며, 이러한 사실은 좋은 종자를 얻는 것이 우리의 절실한 관심이 되는 소나 가금(닭, 오리 등) 또는 다른 종들의 사육과정에 중요하게 적용된다. <그림 9>에서, 어떤 남성 (구체적인 예를 들자면 가령 나 자신)이 해로운 열성 돌연변이유전자를 이형접합으로 간직해서 겉으로 발현되지 않는다고 가정한다. 그리고 내 처에는 그러한 돌연변이가 없다고 가정하자. 그러한 경우 우리 아이들의 절반도(두번째 줄) 역시 돌연변이를 이형접합으로 가지게 될 것이다. 이들이 다시 돌연변이가 일어나지 않은 배우자들(도표에서는 혼란스러움과 복잡함을 피하기 위해 생략하였다)과 결혼해서 아기를 낳으면, 평균적으로 우리 손자들의 1/4은 마찬가지 방식으로 영향을 받게 될 것이다.

 만약 똑같이 영향을 받은, 즉 돌연변이 유전자를 가진 개체들끼리 교배하지 않는 한 해악의 위험이 나타나지 않을 것은 분명하다. 쉽게 알 수 있는 바와 같이 돌연변이 개체들끼리 교배를 하면 자손의 1/4은 동형접합체로 되어 개체에 해로운 특성이 발현하게 될 것이다. 자가수정(양성식물에서나 가능한) 다음으로 그러한 해악이 나타날 가능성이 가장 높은 것은 내 딸과 아들이 결혼할 경우이다. 내 아들과 딸 각각에 돌연변이가 잠복되어 있을 가능성과 없을 가능성은 같은 확률(1/2)이기 때문에, 열성 돌연변이를 가진 배우자들이 결합하여 생긴 아이들의 1/4이 위험한 것과 꼭 마찬가지로 이러한 근친결합의 1/4은 위험하다. 그러므로 근친결혼으로 얻은 아이에게서 해로운 효과가 일어날 가능성인 위험인자는 $1:16 (1/4 \times 1/4)$이다.

 같은 방식으로 서로 사촌 사이인 내 손자녀가 결합해서 얻은 아이들에 대한 위험인자는 $1:64$가 된다. 이 정도라면 가능성이 높지는 않은 것이고 실제로 대개 지나쳐버릴 수 있는 정도이다. 그러나 지금까지 우리는 조상배우자, 즉 나와 내 처 가운데 어느 한쪽에

단 하나의 잠복성 돌연변이 유전자만 있을 때에 생기는 결과를 분석하였다는 사실을 잊어서는 안된다. 실제로는 배우자 각각이 이러한 종류의 잠복성 돌연변이를 둘 이상 가지고 있을 가능성이 상당히 높다. 식물과 동물을 가지고 행한 여러가지 실험을 보면 매우 해로운 돌연변이는 비교적 드문 반면에 사소한 것들은 많아서, 전체적으로 근친 사이의 교배에 의해 자손이 나빠지고 위험해지는 것처럼 보인다. 우리는 더이상 스파르타 사람들이 타이게토스산에서 사용하였던 것과 같은 거친 방식으로 '실패자(열등인)'들을 제거하려고는 않기 때문에, 적자에 대한 자연선택이 크게 축소된 아니 오히려 반대가 되어버린 요즘 인간사회의 경우에는 이러한 사실에 대해 특별히 엄숙한 관점을 가져야 한다. 지금보다 훨씬 원시적인 상태에서 전쟁이 생물학적으로 적합한 부족을 살아남게 하는 긍정적인 효과를 가졌다는 것을 고려하더라도 모든 나라의 건강한 젊은이들을 대량학살(2차 대전에서의 대량살상을 말하는 것임-역주)하는 최근의 반(反)선택적 효과를 좋게 평가할 수는 없다.

보편적이고 역사적인 언급

열성 대립유전자가 이형접합으로 존재할 때에는 우성 유전자에 의해 완전히 압도당하여 눈에 드러나는 효과를 하나도 나타내지 않는다는 사실은 놀라운 것이다. 여기에서 적어도 이러한 사실에 몇 가지 예외가 있다는 점은 말해둘 필요가 있다. 동형접합체인 하얀 금어초가 마찬가지로 동형접합체인 심홍색의 금어초와 교배하여 생기는 1대 자손은 모두 중간 색깔을 나타낸다. 즉 예상했던 심홍색이 아니고 분홍색을 띠게 된다. 2개의 대립유전자가 동시에 영향을 미치는 훨씬 더 중요한 보기는 혈액형에서 찾아 볼 수 있다. 그러나 여기에서 그 문제를 깊이 다룰 수는 없다. 만약 열성이라고 하더라도 각각 등급을 가지고 있어서 '표현형질'을 조사하기 위해 사용한 실험의 민감도에 따라 열성 유전자의 존재가 확인된다는 사실이 언젠가 밝혀진다고 해도 결코 놀라운 일이 아니다.

이제 유전학의 초기 역사에 대해 이야기해보도록 하자. 세대를 따라 전해지며 부모들과는 다른 성질에 대한 이론, 즉 유전법칙과 특히 열성-우성에 대한 중요한 이론의 뼈대는 이제는 세계적으로 유명한 아우구스티누스 교단의 대수도원장이었던 그레고르 멘델(1822~1884년)에게서 비롯되었다. 멘델은 돌연변이와 염색체에 대해서는 아무 것도 몰랐다. 그는 브르노에 있는 수도원 정원에서 완두콩을 가지고 여러가지 실험을 했다. 멘델은 여러 종류의 완두콩을 길렀고 교배시켰으며 1, 2, 3……세대 자손들에 대해 꾸준히 관찰하였다. 여러분은 그가 이미 자연적으로 돌연변이가 일어난 완두콩을 가지고 실험을 했다고 말할지도 모른다. 어쨌든 그는 1866

년에 이미 자신의 실험결과를 *Naturforschender Verein in Brünn*에 발표하였다. 아무도 수도원장의 취미에 별다른 관심을 쏟지 않았고 확실히 어느 누구도 그의 발견이 20세기에서 완전히 새로운, 지금의 우리에게 매우 흥미로운 과학분야의 중심이 되리라고는 생각하지 못했다. 그의 논문은 곧 망각 속으로 사라졌고 1900년에야 코렌스(베를린), 드브리스(암스테르담)와 체르마크(비엔나)에 의해 동시에 그리고 독립적으로 재발견되었다.

돌연변이가 드문 사건일 필요

지금까지 더 많을지도 모르는 해로운 돌연변이들에 우리의 관심을 집중시켜왔다. 그러나 우리는 물론 이로운 돌연변이들도 생길 수 있다는 것을 언급해야 한다. 만약 자연발생적인 돌연변이가 종(種)이 발달하는 과정의 조그마한 변화과정이라면, 우리는 결국 자동적으로 제거되기는 하지만 해로운 돌연변이가 일어나게 되는 위험부담을 안은 채 그러한 변화들이 우연한 방식으로 시험대에 올려진다는 느낌을 갖게 된다. 여기에서 한 가지 매우 중요한 점이 부각된다. 자연선택 과정에 적합한 재료가 되기 위해서는 돌연변이는 드문 사건이어야 하는데 실제로 그러하다. 만약 그것이 너무 자주 일어나서 같은 개체에서 여러가지 다른 돌연변이가 일어날 확률이 높다면, 대개 해로운 변이가 이로운 것보다 우세하게 되어 자연선택에 의해 개선되기는 커녕 정체된 상태로 있거나 멸종하게 될 것이다. 따라서 유전자구조가 매우 영속적이기 때문에 생기는 상당히 보수적인 경향은 필수적이다. 대규모 제조기계를 사용하는 공장작업에서 그것과 비슷한 점을 발견할 수 있다. 작업과정에 더 나은 방법을 개발하기 위해, 충분히 증명되지 않았더라도 기술혁신을 시도해보아야 한다. 그러나 기술혁신이 생산력을 증가시켰는지 감소시켰는지를 확실히 입증하기 위해서는, 공정의 나머지 부분들은 일정하게 유지하면서 한 번에 한 가지씩 기술혁신을 도입해야 하는 것이 필수적이다.

X선에 의해 생기는 돌연변이

이제 우리는 우리들 분석의 가장 적절한 특성으로 판명될 일련의 교묘한 유전학전 연구업적을 재검토해야 한다.

자손에서 돌연변이가 일어나는 비율(%), 이른바 돌연변이율은 부모들에게 X선이나 감마선으로 조사(照射)하면 매우 낮은 자연돌연변이율의 몇 배나 되게 증가한다. 이러한 방식으로 생긴 돌연변이들은 빈도가 높다는 것을 제외하고는 결코 자연적으로 일어나는 것과 다르지 않으며, 우리는 어떠한 '자연적인' 돌연변이도 방사선(X선)에 의해 일어날 수 있다는 인상을 받는다. 초파리 실험을 해보면 수많은 특이한 돌연변이가 거대한 배양지에서 되풀이해서 자발적으로 일어난다. 앞서 2장의 '교차. 유전적 특성의 위치'에서 기술한 바와 같이 그러한 돌연변이는 염색체의 특정한 위치에 자리를 잡고 있으며 각각에 대해 해당되는 특수한 이름이 붙여졌다. 이러한 실험을 통해 '복합 대립유전자'라고 불리우는 것까지도 알려졌다. 즉 유전자 부호의 같은 자리에 돌연변이가 일어나지 않은 정상적인 것에다가 2개 이상의 대립유전자가 있는 경우이다. 이는 두 개만이 아니라 세 개 이상의 대립유전자가 특수한 '유전자좌'에 있다는 것을 의미하고, 이것들이 두 개의 동형접합체 염색체의 대응되는 유전자좌에서 동시에 발현될 때 두 대립유전자는 서로 우성-열성 관계를 가지게 된다.

 X선에 의해 생기는 돌연변이에 대한 실험을 통해, 모든 특수한 '변이', 가령 정상 개체에서 특수한 돌연변이로의 변이 또는 그 반대방향으로의 변이가 각각 'X선 계수'를 갖는다고 결론지어졌다. 여기에서 X선계수란 부모가 자식을 얻기 전에 단위량의 X선을 쬐었을 때, 그 때문에 돌연변이가 생겼음이 밝혀진 자손의 백분율(%)을 가리킨다.

제1법칙─돌연변이는 단일사건이다

더욱이 유발 돌연변이율에 관한 법칙들은 매우 간단하고 분명하다. 나는 여기에서 1934년 *Biological Reviews* 9권에 실린 티모페프의 논문을 따르고자 한다. 그 논문은 상당히 세밀하게 저자 자신의 훌륭한 연구에 관해 언급하고 있다. 제1법칙은 다음과 같다.

(1) 돌연변이의 증가 정도는 정확히 X선 조사량에 비례하기 때문에, 누구든지 구체적으로 증가계수에 대해 이야기할 수 있다.

우리는 간단한 비례상수에 너무 잘 익숙해 있어서 이러한 간단한 법칙으로부터 얻을 수 있는 중요한 결과들을 과소평가하기 쉽다. 이것들을 제대로 이해하자면, 예를 들어 상품의 값이 항상 그 양에 비례하지는 않는다는 사실을 떠올리는 것이 좋다. 당신이 평소에 자주 오렌지를 여섯 개씩 사는 데에 대해 가게주인이 깊은 인상을 가지고 있어서, 어느 날 당신이 열두 개를 사기로 결정한다면 그 가게주인은 여섯 개 값의 두 배보다 적게 받을지도 모른다. 세 개를 사게 되면 그 반대가 될 수도 있을 것이다. 지금 우리의 예에서, 가령 후손 천 명 가운데 하나에서 돌연변이를 일으키는 조사량의 첫번째 절반은 나머지 후손들에게 아무런 영향을 미치지 않는다고 결론을 내린다. 그것은 그러한 방사선 조사에 의해 돌연변이가 잘 일어나게 되든지 또는 돌연변이에 대한 면역이 생긴다든지

하는 일이 일어나지 않기 때문이다. 그렇지 않다면 조사량의 나머지 절반을 조사했을 때 다시 천 가운데 하나에만 돌연변이가 일어나게 되지는 않을 것이다. 이렇듯 돌연변이는 축적효과에 의한 것이 아니어서 적은 양의 조사가 반복되더라도 효과가 서로 더해지지 않는다. 돌연변이는 방사선이 조사될 때 어떤 염색체 하나에 일어나는 단일사건에 의해 생긴다. 그것은 어떤 종류의 사건일까?

제2법칙—사건의 국소성

위의 질문은 다음과 같이 제2법칙으로 답할 수 있다.

(2) 만약 여러분이 약한 X선에서부터 상당히 강한 감마선에 이르는 넓은 범위 안에서 방사선의 질(파장)을 변화시킬 경우, γ-단위로 말해 같은 양을 준다면 그 계수는 일정하다. 여기서 γ-단위는 부모들이 방사선에 노출되는 경우, 적절히 선택된 표준물질의 단위 부피당 생성되는 이온의 전체량에 의해 측정된 방사선량을 가리킨다.

흔히 표준물질로서 공기를 선택하는데, 공기는 편리할 뿐만 아니라 유기체 조직들이 공기와 원자량이 비슷한 원소들로 구성되어 있기 때문이다. 조직에서의 이온화 또는 그것과 관련된 과정*(홍

---

* 왜냐하면 이러한 다른 과정들은 이온화 측정에 의해 관찰되지 않기 때문에 돌연변이를 일으키는 데에는 최저한계로도 효과가 나타날지 모르기 때문이다.

분)의 정도에 대한 최저한계는 간단히 공기 중의 이온화 수에 조직의 상대적 밀도를 곱해서 얻는다. 돌연변이를 일으키는 단일사건은 단지 생식세포의 '임계'부피 안에서 일어나는 이온화(또는 그와 비슷한 과정)라는 사실은 명백하며, 이것은 더 정교한 방법을 통해 확인되었다. 그러면 그 임계부피의 크기란 얼마나 되는가? 관찰된 돌연변이율로부터 다음과 같은 방법으로 계산할 수 있다. 만약 cm^3 당 5만 개의 이온이 어떤 방식으로 특수한 배우자에 대해 1:1000의 확률로 돌연변이를 일으킨다면, 임계부피 즉 그 돌연변이가 일어나기 위해 이온화에 의해 명중되어야 할 '목표물'은 1cm^3의 1/50,000의 또 1/1,000이다. 즉 겨우 1cm^3의 5천만 분의 1이다. 이러한 숫자는 정확한 것은 아니고 예시를 위해 사용되었을 뿐이다. 실제적인 평가에서 우리는 델브뤽, 티모페프 그리고 짐머의 논문에 있는 델브뤽의 생각과 방법을 따르고자 한다. 이것은 또 다음 두 장에서 설명할 이론의 주요근거가 될 것이다. 델브뤽은 거기에서 임계부피가 (평균 원자거리×10)^{3}쯤 된다는 결론에 도달했는데 결국 원자가 천 개쯤 포함되는 정도의 부피이다. 이것을 가장 간단하게 해석하자면, 염색체의 어떤 특수한 위치로부터 '10원자거리' 이내인 곳에 이온화(또는 흥분)가 일어날 때 그것에 해당하는 돌연변이가 만들어질 확률이 제법 높다는 것이다. 우리는 이제 이 점에 대해 더 자세히 논의할 것이다.

돌연변이

티모페프의 보고는 물론 우리의 현재 탐구와는 아무런 관련이 없지만 여기서 언급하지 않을 수 없는 실질적인 암시를 포함하고 있다. 현대 생활에서 인간이 X선에 노출되는 경우가 많이 있다. 화상, X선 암, 불임 따위의 직접적인 위험들이 잘 알려져 있고, 따라서 특히 X선을 정규적으로 다루어야 하는 의사와 간호사와 방사선 기사들을 보호하기 위해 납차폐물, 납이 있는 앞치마 등이 공급되고 있다. 여기에서 내가 말하고자 하는 요점은 각 개체에 대한 이러한 긴급한 위험요소들이 성공적으로 차폐된다고 하더라도, 앞서 근친교배의 해로운 결과들에 대해 이야기할 때 제시한 그러한 종류의 열성 돌연변이들이 생식세포에서 작지만 해로운 돌연변이들로 나타나 간접적인 위험이 될 수 있다는 것이다. 비록 조금 소박하기도 한 견해이지만 단호하게 말하면, 사촌들 사이의 결혼이 낳을 위험성은 그들의 할머니가 X선을 다루는 간호사로 오랫동안 일했다는 사실에 의해 당연히 증가한다. 내가 어떤 개인들을 걱정시키려고 이러한 말을 하는 것은 아니다. 그러나 인류를 바람직하지 않고 원치 않는 잠복성 돌연변이들로 점점 오염시키고 있을지도 모른다는 사실은 사회적으로 커다란 관심사임에 틀림없을 것이다.

4 양자역학적 증거

> 그리고 그대 영혼이 나타내는 빛나는 상상력의 도약은 이미지로 구체화될 것이다.
> ─괴테

▲ **그림*** 토마스 모간(1866-1945년), 현대 실험유전학의 창시자

고전물리학으로는 설명할 수 없는 영속성

물리학자들이 기억하는 바와 같이, 30여 년 전에 결정체의 원자 격자구조를 자세히 밝히는 데 쓰였던 X선이라는 대단히 정교한 도구의 도움을 받아, 최근 들어 생물학자와 물리학자들은 함께 노력해서 개체의 뚜렷하고 거시적인 특성을 결정하는 미세한 구조인 유전자의 크기에 대한 최대값을 줄이는 데 성공하였다. 즉 유전자는 앞의 2장 '유전자의 최대 크기'에서 언급했던 것보다 훨씬 작은 크기라는 사실을 확인하게 된 것이다. 우리는 이제 심각하게 다음과 같은 질문에 직면하게 된다. 천 개도 되지 않는 비교적 적은 수의 원자를 가진 유전자 구조가 거의 기적이라고 할 수 있는 내구성 또는 영속성을 가진 채 가장 규칙적이고 합법칙적인 작용을 나타내는 사실을 우리는 통계물리학적 관점으로 어떻게 설명할 수 있을까?

진정으로 놀라운 이 같은 상황을 다시 한 번 예를 들어 설명함으로써 문제의 핵심에 접근해보도록 하자. 합스부르크 왕가의 여러 사람들은 특이하게도 아래 입술의 모양이 별났다('합스부르크 입술'). 그것의 유전적 특성은 왕가의 후원 아래 비엔나 제국 학술원이 주의깊게 연구하여 그들 왕족의 초상화와 함께 출간하였다. 합스부르크 입술의 유전적 특성은 정상적인 입술 형태에 대해 정말로 멘델법칙적인 '대립유전자'로 증명되어 있다. 16세기의 어떤 왕족과 19세기에 살았던 그 후손의 초상화에 주의를 집중시켜 볼 때 우리는 별 어려움 없이 다음과 같이 가정할 수 있다. 즉 비정상적인 모습을 나타내는 유전자 물질이 몇 세기에 걸쳐 한 세대에서 그 다음 세대로 전달되었는데 그 사이에 일어났던, 그렇게 많지는 않았을 모든 세포분열에서 충실히 재생산되었다. 더욱이 그러한 현상에 관계 있는 유전자구조에 포함되어 있는 원자의 수는 X선으로 확인한 조금 전의 예에서와 비슷한 정도일 것이다. 유전자는 300년이라는 짧지 않은 세월 동안 온도 약 $98°F(36.7°C)$에서 유지되었다. 여러 세기 동안 열운동이라는 무질서한 경향에도 불구하고 유전자 구조가 변형되지 않은 채 온존해 있었다는 것을 어떻게 이해해야 할까?

19세기 말에 살았던 물리학자라면 누구든지 자기가 설명할 수 있고 진정으로 이해하고 있던 자연법칙에만 의거한다면 이러한 질문에 대답하지 못한 채 어쩔 줄 몰라했을 것이다. 아마 그는 통계학적 조건에 대해 잠시 생각한 뒤에 대답했을 것이다(우리가 곧 보게 되다시피 그것은 올바른 것이다). 분자들만이 그러한 물질구조를 이룰 수 있다. 그 당시 이미 화학은 원자들로 구성된 이러한 화합물의 존재에 대해, 그리고 그러한 구조의 안정성이 매우 높다는 사실에 대해 광범위한 지식을 얻고 있었다. 그러나 그러한 지식은 순전히 경험적인 것이었다. 즉 분자의 본질적 성질에 대해서는 이해하지 못했다. 분자를 어떤 특정한 모양으로 유지하는, 원자들 사이의 강력한 상호결합은 누구에게나 완전히 수수께끼였다. 조금 전에 언급했던 19세기 물리학자의 대답은 실제적으로 옳다. 그러나 수수께끼 같은 생물학적 안정성을 마찬가지로 수수께끼 같은 화학적 안정성까지 거슬러 올라가 설명하는 한 그 가치는 제한적이다. 겉모습으로 비슷한 두 가지 현상이 같은 원리에 근거하고 있다는 주장은 원리 자체가 확인되지 않는 한 항상 불확실한 것이다.

양자론으로 설명할 수 있다

위의 질문에 대해 양자론은 답을 줄 수 있다. 오늘날의 지식상태에 비추어 볼 때 유전기전은 양자론의 기초에 밀접하게 관련되어, 아니 바로 양자론의 토대 위에 서 있다. 이러한 이론은 1900년에 막스 플랑크가 발견한 것이다. 현대 유전학은 드브리스, 코렌스와 체르마크가 멘델의 논문을 재발견하고(1900년) 드브리스가 돌연변이에 관한 논문을 발표한(1901~1903년) 데에서 기원을 찾을 수 있다. 이렇듯 두 가지 대이론의 탄생시기가 거의 일치하였는데 둘 다 어느 정도 성숙한 다음에야 서로 연결될 수 있었다는 것은 어느 정도 경탄할 만하다. 양자론 쪽에서는, 1926~1927년에 하이틀러와 런던에 의해 일반적인 원리로 화학 결합의 양자론이 처음으로 설명될 때까지 4반세기 이상 걸렸다. 하이틀러-런던 이론은 최근에 발달한 양자론의 가장 정교하고 복잡한 개념들을('양자역학' 또는 '파동역학'이라고 불린다) 포함한다. 미적분학을 사용하지 않고 그것을 설명한다는 것은 거의 불가능하거나 적어도 이 책만한 소책자를 따로 필요로 할 것이다. 그러나 다행히도 이것과 관련된 모든 연구가 이미 행해져서 우리의 생각을 명료하게 해주었기 때문에, 지금 곧바로 가장 중요한 주제를 다루기 위해 '양자도약'과 돌연변이 사이의 연결을 직접적인 방식으로 나타내는 것이 가능할 것 같다. 이것이 바로 여기에서 우리가 시도하려고 하는 것이다.

양자론―불연속적인 상태들―양자도약

양자론(量子論)의 크나큰 공헌은 자연이라는 책 속에서, 그때까

양자역학적 증거

지 유지된 관점에 따르면 연속성 이외의 어느 것도 불합리한 것 같다는 문맥을 벗어나, 불연속성이라는 특징을 발견하였다는 점이었다.

이러한 종류의 첫번째 경우는 에너지와 관련이 있다. 거시적으로 볼 때 물체는 자체의 에너지를 끊임없이 변화시킨다. 예를 들면 흔들리도록 놓아둔 진자는 공기저항에 의해 점점 속도가 느려진다. 이상하게도 원자수준의 미시적 체계에서는 그와 달리 물체가 행동한다고 인정하는 것이 필요하다. 여기에서 언급할 수 없기는 하지만 어떤 이유로 우리는 미시적 체계가 바로 그 자체의 성질 때문에 단지 어떤 불연속적인 에너지량 이른바 특이한 에너지준위만을 가질 수 있다고 가정해야 한다. 한 상태에서 다른 상태로 변이가 일어나는 것은 자못 신비로운 사건으로서 흔히 '양자도약'이라고 부른다.

그러나 에너지가 어떤 시스템의 유일한 특징은 아니다. 다시 진자 즉, 천장에서부터 줄에 매달린 무거운 공이 여러가지 다른 종류의 운동을 수행하는 모습을 생각하여 보자. 우리는 진자가 남-북이나 동-서 또는 어느 다른 방향, 또는 원이나 타원형으로 흔들리게 만들 수 있다. 풀무로 부드럽게 공을 날려보냄으로써 진자가 한 가지 운동상태에서 다른 상태로 연속적으로 옮겨갈 수 있다.

소규모의 시스템에서는 이러한 것이나 그와 비슷한 특징들이 대개 불연속적으로 변한다(여기에서 그것에 대해 자세한 점까지 설명할 수는 없다). 에너지의 경우와 같이 이들 특성이나 상태가 '양자화'되어 있는 것이다.

그러한 결과는 다음과 같다. 전자라는 보호막을 포함해서 많은 원자핵이 서로 가까이 접근해서 '한 시스템'을 이룰 때 이것들은 그 성질상 우리가 생각하는 바와 같은 어떤 임의적인 원자배열을 가질 수 없다. 그것들이 가지고 있는 특성 때문에 불연속적인 몇가지 '상태들' 가운데에서만 원자배열을 선택할 수 있다.* 우리는 대개 이것들을 준위 또는 에너지 준위라고 부르는데, 에너지가 이들 미세구조가 나타내는 특징 중에 매우 뚜렷한 것이기 때문이다. 그러나 특성을 완전하게 나타내기 위해서는 에너지 이외에도 많은 것을 표현해야 한다는 사실을 알아야 한다. 사실상 어떤 한 가지 상태란 모든 미립자들의 분명한 원자배열을 뜻한다고 생각하는 것이 옳다.

이러한 원자배열들 가운데 한 가지에서 다른 것으로 옮겨가는 것이(천이) 양자도약이다. 만약 나중 것이 에너지가 더 크다면('더 고준위라면'), 천이가 가능하기 위해서는 적어도 두 에너지 상태의

---

* 나는 여기에서 보통 대중적이며 우리의 현재 목적에 걸맞은 방식을 택하려 한다. 그러나 구실 좋은 실수를 영구히 지속시키는 인간의 나쁜 습관을 나도 가지고 있다. 진실은 시스템이 갖는 상태에 관해서 때때로 불확정적인 특성을 포함하기 때문에 훨씬 더 복잡하다.

차이만큼 그 시스템이 외부에서 에너지를 공급받아야 한다. 에너지 준위가 낮은 상태로 가는 경우에는 그만큼의 잉여에너지를 방사선의 형태로 내보내면서 저절로 변할 수 있다.

분자들

원자들의 어떤 집합이 이루는 불연속적인 상태들 중에는, 반드시 그럴 필요가 있는 것은 아니지만 원자핵들이 서로 가까이 접근함을 뜻하는 최소 준위가 있을지도 모른다. 그러한 상태에 있는 원자들이 한 개의 분자를 형성한다. 여기에서 강조하려는 것은 그 분자는 반드시 어느 정도 안정성을 갖는다는 점이다. 즉 만약 한 단계 높은 다음 번 준위까지 끌어올리는 데 필요한 차이만큼의 최소 에너지를 바깥에서 공급해주지 않으면, 그 원자배열은 변할 수 없다는 것이다. 그러므로 잘 정의된 양(量)인 이러한 준위 차이에 의해 분자의 안정도가 정량적으로 결정된다. 이런 사실이 양자론의 기초, 즉 '준위 도표'의 불연속성과 얼마나 밀접하게 관련되어 있는지 앞으로 살펴보게 될 것이다.

이러한 생각이 얼마나 질서정연한지는 여러가지 화학적 사실에 의해 철저히 검토되었다는 점을 독자 여러분은 받아들여 주기를 바랄 뿐이다. 그리고 화학적 원자가(原子價)라는 기본적 사실과 분자구조에 관한 여러가지 세세한 사실, 분자들 사이의 결합에너지, 온도가 달라질 때 분자의 안정성 등등에 대해서도 이러한 생각을 이용하여 성공적으로 설명하였다는 점도 받아들이기를 바란다. 나는 앞에서 말했던 것과 같이 여기에서 하이틀러-런던 이론을 자세히 검토할 수 없다는 점을 다시 말하고 있는 것이다.

분자들의 안정성은 온도에 따른다

이제 우리가 가지고 있는 생물학적 의문, 즉 온도가 달라질 때 분자의 안정성은 어떻게 되는가 하는 매우 흥미로운 점을 기꺼이 검토해야 한다. 우선 우리의 원자시스템이 실제로 에너지가 가장 낮은 상태에 있다고 생각하자. 물리학자라면 그것을 절대온도 영도에 있는 분자라고 할 것이다. 한 단계 높은 다음 번 상태나 에너지 준위로 끌어올리기 위해서는 필요한 양만큼 에너지를 공급해야만 한다. 에너지를 공급하는 방법으로 가장 간단한 것은 여러분의 분자를 '가열'하는 것이다. 여러분은 그 분자를 온도가 더 높은 환경('가열 수조')으로 옮겨서 다른 시스템 속의 원자와 분자들이 여러분의 그 분자와 충돌하도록 한다. 열운동이 매우 불규칙하다는 것을 생각한다면, 다음 번 상태나 준위로 '끌어올리기'가 확실하게 그리고 즉시 일어나는 분명한 온도경계란 없다는 사실을 이해할

양자역학적 증거

수 있을 것이다. 절대온도 영도가 아닌 다른 어떤 온도에서 끌어올리기가 일어날 확률은 더 작을 수도 있고 클 수도 있다. 물론 수조의 온도가 높아짐에 따라 확률은 당연히 증가한다. 이 확률을 표현하는 가장 좋은 방법은 끌어올리기가 일어날 때까지 여러분이 기다린 평균 시간, 즉 '기대시간'으로 나타내는 것이다.

폴라니와 위그너의 연구에 따르면 기대시간은 대개 두 에너지 크기의 비에 의해 결정된다. 이때 하나는 끌어올리기에 필요한 에너지의 차이이고(W라고 쓰기로 하자), 다른 하나는 문제시되는 온도에서 열운동의 강도를 나타낸다(T는 절대온도를, 그리고 kT는 그때의 특징적인 에너지를 표현하는 데 쓰자).* 이것은 끌어올리기 에너지가 평균 열에너지보다 클수록, 즉 $W:kT$ 비가 클수록 끌어올리기가 일어날 확률이 작다는 것, 그러므로 기대시간이 길어진다는 것을 뜻한다. 놀라운 것은 $W:kT$ 비가 비교적 작게 변화하더라도 기대시간은 굉장히 많이 변한다는 사실이다. 델브뤽을 따라 예를 들어 보면 W가 kT의 30배인 경우에 기대시간은 1/10초로 매우 짧다. 그러나 W가 kT의 50배가 되면 기대시간은 16개월로 늘어나고 W가 kT의 60배인 경우에는 무려 3만 년이 된다!

---

* k는 잘 알려진 상수로서 볼츠만 상수라고 불린다. $3/2kT$는 온도 T에서 기체원자가 갖는 평균운동에너지이다.

잠깐 분위기를 바꾸어서 수학적으로 이야기해보자

수학에 관심이 있는 독자들을 위해, 온도와 W의 사소한 변화에 따라 기대시간이 매우 민감하게 변화하는 이유를 수학적 언어로 표현하고 그리고 그것과 종류가 비슷한 몇몇 물리적 견해를 덧붙이는 편이 나을 것 같다. 기대시간 t는 지수함수로서 다음과 같이 W/kT 비에 의존한다.

$$t = \tau e^{W/kT}$$

τ는 10^{-13}초나 10^{-14}초의 크기를 갖는 작은 상수이다. 이러한 지수함수는 결코 우연하거나 돌연한 것이 아니다. 그것은 열역학의 통계이론에 여러 차례 나타나는 함수이다. 즉 열역학의 중추를 이루는 함수이다. 그 함수는 W만큼 큰 에너지량이 우연히 어떤 시스템의 특별한 부분에 모인다는 것이 얼마만큼 힘든 일인지 그 불가능성을 나타내고 있다. 그 불가능성은 '평균에너지' kT의 여러 배가 필요할 때 매우 엄청나게 증가한다.

실제적으로 위에서 든 보기와 같이 W가 kT의 30배가 되는 일이란 매우 드물다. 그렇지만 기대시간이 매우 길어지지는 않은 것은 (우리의 예에서 고작 1/10초) 물론 인자 τ가 작기 때문이다. 이 인자는 물리학적 의미를 가진다. 이 인자는 그 시스템에서 계속하여 일어나는 진동의 주기와 비슷한 크기이다. 범위를 매우 넓혀 이야기하자면 이 인자는 다음과 같은 것을 뜻한다고 할 수 있다. 즉 필요로 하는 양 W가 축적될 확률은 매우 낮지만 '매 진동마다' 되풀이하여, 즉 일 초 동안 10^{13}번이나 10^{14}번 일어난다는 것이다.

첫번째 수정

분자의 안정성에 대한 이론으로 위의 논리를 전개하면서 우리는 다음과 같은 것을 암암리에 가정하였다. 우리가 '끌어올리기'라고 불렀던 양자도약에 의해 완전한 분해까지는 아니더라도 같은 원자들로 구성되지만 배열은 근본적으로 다른 것으로 바뀌게 된다. 즉 화학자들이 말하는 이성체 분자로 바뀌게 된다는 것이다(생물학에 적용할 때 배열의 이러한 변화는 같은 '유전자좌'에 있는 다른 '대립유전자'로 표현되고 양자도약은 돌연변이로 나타내질 것이다).

이러한 해석을 받아들이기 위해서는, 이해를 돕기 위해 내가 의도적으로 단순화시켰던 우리 이야기에서 두 가지 점을 수정해야 한다. 내가 앞에서 말했던 방식으로부터 여러분은 다음과 같이 생각할지도 모른다. 즉 준위가 가장 낮은 상태의 원자들 집단만이 분자를 구성하고 한 단계 높은 다음 상태는 '다른 어떤 것'이라고 그런데 사실은 결코 그렇지가 않다. 실제로 준위가 가장 낮은 상태 위로는 전체 원자배열에 별 뚜렷한 변화가 없지만, 앞의 절에서 언급한 것같이 원자들 사이의 작은 진동들에 대응할 뿐인 일련의 준위가 있다. 그것들 역시 '양자화'되어 있지만 한 준위에서 다음 준위 사이에는 비교적 작은 차이가 있을 따름이다. 그러므로 비교적 낮은 온도에서 이미 '수조'의 입자들이 충돌해서 분자가 충분히 큰 진동에너지를 갖도록 했을 것이다. 만약 그 분자가 긴 구조를 가지고 있다면 여러분은 이러한 진동을 분자에게 아무런 해도 주지 않고 분자를 가로 질러가는 고주파 음파로 이해해도 된다.

결국 첫번째 수정은 그렇게 심각한 것은 아니다. 우리는 준위도표에서 '진동미세구조'를 무시해야 한다. '한 단계 높은 다음 준위'라는 용어는 원자배열의 적절한 변화에 대응하는 다음 준위를 의미하는 것이라고 이해해야 한다.

두번째 수정

두번째 수정은 설명하기가 훨씬 더 어렵다. 왜냐하면 이것은 적절하게 다른 준위들로 구성된 준위도표 가운데에서 중요하면서도 또한 매우 복잡한 특성과 관련이 있기 때문이다. 에너지 공급을 필요로 하는 것 이외에 두 준위 사이의 자유로운 변화가 방해받을지

양자역학적 증거

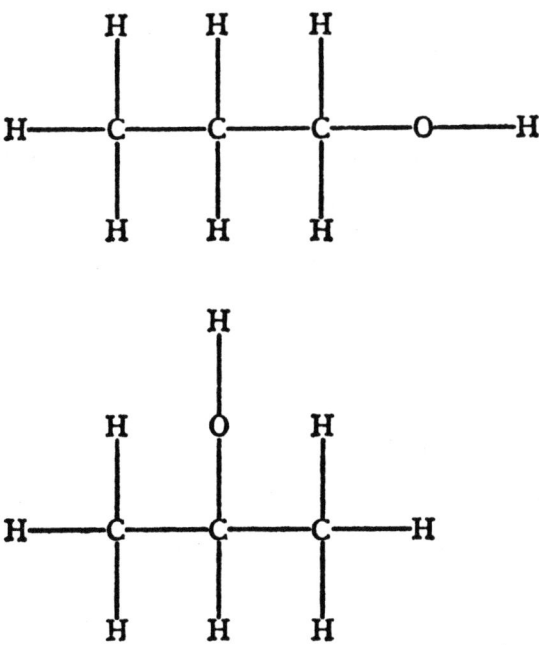

▲ **그림 11.** 프로필알코올의 두 가지 이성체.

도 모른다. 실제로 더 높은 상태에서 낮은 상태로 가는 것조차도 지장을 받을지 모른다.

경험적인 사실로부터 시작하자. 똑같은 원자들의 모임이지만 분자를 이루는 데 한 가지 이상의 방법으로 결합할 수 있다는 것은 화학자에게 잘 알려진 사실이다. 그러한 분자들을, 즉 구성원자는 같지만 원자들 사이의 결합방식이 다른 분자들을 이성체라고 부른다(이성체라는 낱말 자체도 '같은 구성성분으로 이루어진' 물체라는 뜻이다). 이성체가 생기는 것도 예외적이거나 우연한 현상이 아니고 법칙에 따른 것이다. 분자가 크면 클수록 더 많은 종류의 이성체가 가능해진다. <그림 11>은 가장 간단한 보기 가운데 하나인 두 종류의 프로필알코올을 보여준다. 두 종류의 프로필알코올은 양쪽 모두 3개의 탄소(C), 8개의 수소(H), 1개의 산소(O)로 구성된다.* 산소는 수소와 탄소 사이 어디에든지 끼어들 수 있지만 그림에서 보여준 두 경우만이 서로 다른 물질이다. 그리고 실제로도 그러한 두 가지 이성체가 존재한다. 그 두 이성체는 물리학적·화학적 상수들이 모두 뚜렷이 다르다. 또한 에너지가 다르므로 이것들은 '다른 준위'를 나타낸다.

---

* C, H, O가 각각 검은색, 하얀색, 빨간색의 나무공으로 나타낸 모델을 강연에서 보여주었다. 실제 분자에 비슷한 정도가 <그림 11>에 보인 것보다 낫지 않기 때문에 여기에서는 그것들을 보이지 않았다.

양자역학적 증거

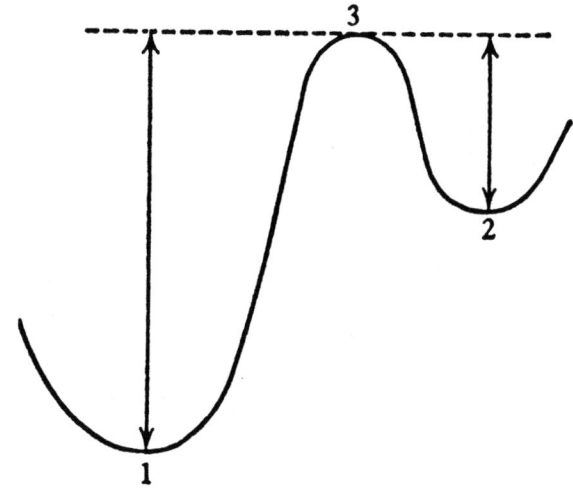

▲ **그림 12**. 이성체 준위 (1)과 (2) 사이의 에너지 문턱 (3). 화살표는 이성체 사이에 천이(상태 변화)가 일어나기 위한 최소에너지를 나타낸다.

분명한 사실은 두 분자 모두 매우 안정한 상태로 있고, 둘 다 '가장 낮은 상태'에 있는 것같이 행동한다는 점이다. 그리고 두 이성체 사이에 어떤 자발적인 천이도 없다.

그 이유는 두 가지 원자배열이 바로 이웃해 있지 않다는 것이다. 두 가지 이성체보다 에너지가 더 큰 중간 원자배열을 넘어야만 천이가 일어날 수 있다. 투박하게 말하자면 산소를 한 위치에서 빼어내어 다른 곳에 끼워 주어야 한다. 상당히 더 큰 에너지를 갖는 원자배열을 통하지 않고는 그렇게 할 수 있을 것 같지 않다. 이러한 상황은 때때로 <그림 12>에서와 같이 도식적으로 나타내 보일 수 있다. 여기에서 1과 2는 두가지 이성체를 나타내고, 3은 둘 사이의 '문턱'이며 2개의 화살표는 '끌어올리기', 즉 상태 1에서 상태 2로 또는 상태 2에서 상태 1로 천이가 일어나기 위해 각각 필요로 하는 에너지 공급량을 나타낸다.

이제 두번째 수정에 대해 말할 수 있다. 그것은 이러한 이성체 사이의 천이와 같은 것이 바로 우리가 생물학 분야에서 흥미를 갖게 되는 유일한 천이라는 것이다. 그리고 이것이 우리가 앞의 절 '분자들의 안정성은 온도에 따른다'에서 '안정성'을 설명할 때 마음 속에 두고 있던 것이다. 우리가 말하는 '양자도약'은 비교적 안정된 한 가지 분자구조에서 다른 분자구조로의 천이이다. 천이에 필요한 에너지 공급(W로 표시되는 양)은 실제적인 준위 차이가 아니고 원래의 준위에서 문턱까지의 에너지 차이이다(<그림 12>의 화살표를 보라).

처음 상태와 마지막 상태 사이에 아무런 에너지 문턱도 끼어 있지 않은 천이는 거의 관심의 대상이 되지 못하는데 우리가 생각하고 있는 생물학 분야에서도 역시 그러하다. 그러한 천이는 실제로 분자의 화학적 안정에는 아무런 기여도 하지 못한다. 왜 그럴까? 그것들은 지속적인 효과를 가지고 있지 않으며 따라서 인지할 수 없는 상태인 것이다. 왜냐하면 그러한 현상이 생기더라도 원래의 상태로 되돌아가는 것을 방해하는 것이 없으므로 거의 동시에 처음 상태로 되돌아가기 때문이다.

5 델브뤽 모델에 대한 토의와 검증

진정 빛이 스스로 자신과 어둠을 드러내는 것과 같이 진리는 진리와
오류를 판별하는 기준이다.
—스피노자, 『윤리학』, 2부 명제 43

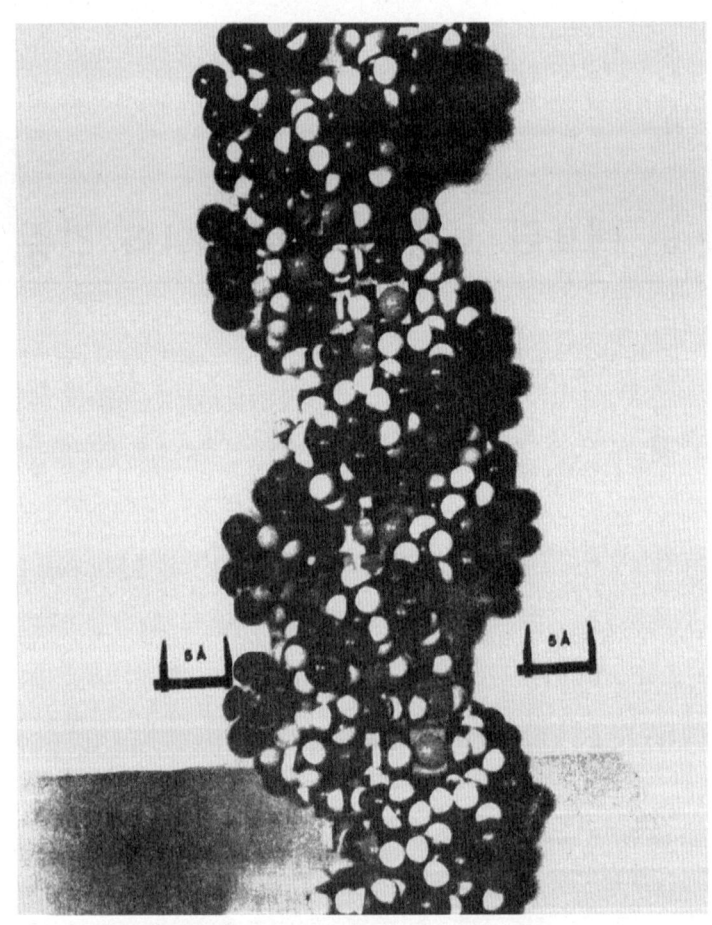

▲ 그림* DNA의 입체모형

■ □ ■

유전 물질의 일반적 성질

앞에서 언급한 사실들로부터 다음과 같은 우리 질문에 대해 매우 간단하게 대답할 수 있다. 비교적 적은 수의 원자로 구성된 이러한 구조들이 끊임없이 열운동에 노출되면서도 어떻게 그러한 열운동의 해로운 영향을 오랜 기간 동안 견디어낼 수 있을까? 우리는 유전자 구조를 원자들의 배열이 달라짐으로써 이성체 분자가 만들어지는, 불연속적인 변화만을 할 수 있는 거대 분자구조라고 가정할 것이다. 원자들의 이러한 재배열은 단지 유전자의 좁은 영역에만 영향을 미치며, 따라서 수많은 재배열이 유전자 하나에서 가능할지도 모른다. 존재 가능한 이성체들로부터 실제적인 원자배열을 분리시키는 에너지 문턱들은 그러한 전환이 드물게 일어나게 할 정도로 매우 높아야 한다(원자 한 개의 평균 열에너지에 비교해서). 이러한 드문 사건들을 우리는 자발적인 돌연변이(자연돌연변이)와 동일시할 것이다.

  이 장의 뒷부분은 주로 독일 물리학자인 델브뤽이 제시한 유전자와 돌연변이의 일반적인 특성을, 실제의 유전적 사실들과 상세히 비교·검토하는 데 할애할 것이다. 그러기 전에 그 이론의 근거와 일반적 성질에 대해 잠시 언급하는 것이 적당하리라 생각된다.

성질의 특이성

  가장 깊은 뿌리까지 파고들어 성질의 근거를 양자역학에서 찾으려는 노력이 생물학적 문제 해결에 절대로 필수적인 것이었을까? 하나의 유전자는 한 개의 분자라고 하는 추측은 오늘날 이미 상식이라고 감히 말할 수 있다. 양자역학에 친숙하든 않든 이것에 동의하지 않는 생물학자는 거의 없을 것이다. 4장 '고전물리학으로는 설명할 수 없는 영속성'에서 우리는 유전현상에서 관찰되는 영속성에 대해 이성적으로 설명하는 역할을 오직 양자론 이전의 물리학자의 입에 맡기려고 하였다. 이성체 현상, 문턱에너지, 이성체 천이의 확률을 결정하는 데 있어서의 $W:kT$ 비의 중요한 역할에 대한 고려들은 양자론에 의지하지 않고 순전히 경험적인 토대에 의해서도 도입할 수 있다. 이 조그마한 책에서 실제로 문제점을 명백히 할 수도 없고 많은 독자를 피곤하게만 할지도 모르면서 왜 나는 이토록 강력하게 양자역학적 관점을 고집할까?

　양자역학은 그 근본원리들로써 자연계에서 실제로 발견되는 모든 종류의 원자집합체를 설명하는 최초의 이론이다. 하이틀러-런던 결합은 양자역학 이론의 특이하고 뛰어난 특성을 이루고 있는데 화학결합을 설명할 목적으로 고안된 것은 아니다. 그 결합이론은 매우 흥미를 끄는 수수께끼 같은 방법으로, 그리고 매우 색다른 견해를 통해 우리에게 다가와 제 모습을 드러낸다. 그것은 관찰된 화학적 사실들과 정확히 대응함이 증명되고 있으며, 앞으로 양자론이 더 발달하더라도 '그러한 일이 다시 일어날 수 없다'라고 내가 분명하게 말했던 것이 이해될 정도로 아주 특이한 것이다.

　결과적으로 우리는 유전물질에 대한 분자적 설명에서 다른 대안은 있을 수 없다고 마음놓고 단언해도 좋다는 것이다. 물리학적 측면에서 유전의 영속성을 설명할 수 있는 다른 가능성은 전혀 없다. 만약 델브뤽의 가설이 틀린 것이라면 우리는 더 시도해보는 것을 포기해야만 한다. 이것이 내가 언급하고 싶은 첫번째 요점이다.

전래적으로 잘못된 개념 몇 가지

　그러나 다음과 같이 질문할지도 모른다. 원자들로 구성된 구조 가운데 분자 이외에는 영속적인 성질을 가진 것이 정말 없을까? 예를 들어 몇천 년 동안 무덤에 묻혀 있었던 금화(金貨)는 그 위에 찍힌 초상화의 특성을 보존할 수는 없을까? 동전이 무수히 많은 원자로 구성된 것은 사실이지만, 확실히 이 경우 우리는 형태의 단순한 보존을(집단의 크기에 따라 신뢰성이 좌우되는) 통계학에 기인하는 것으로 생각하고 싶지는 않다. 똑같은 견해가 우리가 바위 속에 끼워져 있는 것을 발견해낸 아름다운 결정들에게도 적용된다. 그 결정들은 변화하지 않은 채 지질학적 연대라는 매우 오랜 세월 동안 거기에 있었음이 틀림없겠기 때문이다.

이렇게 해서 내가 설명하려고 하는 두번째 요점에 도달했다. 분자, 고체, 결정의 경우들이 실제적으로 다른 것은 아니다. 오늘날의 지식에 비추어 볼 때 이것들은 사실상 같다. 불행하게도 학교교육이 여러 해 동안 구식이 되어버렸고 실제 상황의 이해를 가로막는 어떤 전래적인 관점을 유지하고 있다.

참으로 우리가 학교에서 분자에 대해 배웠던 것은, 분자가 액체나 기체상태보다는 고체상태에 더 가깝다는 개념을 주지 못한다. 반대로 우리는 학교에서 분자가 보존되는 융해나 증발과 같은 물리적 변화와(그래서 예를 들면 알코올은 고체이든 액체나 기체이든 항상 같은 분자 C_2H_6O로 구성된다) 알코올의 연소 같은 화학적 변화를 주의깊게 구별하도록 배워왔다.

$$C_2H_6O + 3O_2 = 2CO_2 + 3H_2O$$

(여기에서 알코올 한 분자와 산소 3분자는 탄산가스 2분자와 물 3분자를 만들기 위해 재배열된다.)

결정에 대해서는 학교에서 다음과 같이 배웠다. 결정은 3차원적으로 반복되는 격자를 형성하고, 격자에서 알코올이나 대부분 유기화합물의 경우에서와 같이 단일분자의 구조는 때때로 구별될 수도 있으며, 다른 결정들 예를 들면 암염(NaCl)에서와 같이 NaCl분자들이 분명하게 경계지어질 수 없다. 모든 Na원자는 Cl원자 6개에 의해 대칭적으로 둘러싸여 있거나 그 역으로 되어 있어서 어떤 쌍을 분자로 간주하느냐는 대개 임의적이기 때문에 경계가 불분명하다는 것이다.

최종적으로 고체는 결정일 수도 있고 아닐 수도 있다고 배웠다. 그리고 뒤의 것을 우리는 '비결정(非結晶)'이라고 부른다.

물질의 다른 '상태들'

지금 나는 이러한 모든 설명과 구별이 아주 틀린 것이라고 말하려는 것이 아니다. 실질적인 목적을 위해 이것들이 때로는 유용하다. 그러나 물질구조의 진정한 면에서는 그 경계가 전혀 다른 방식으로 그어져야 한다. 근본적인 구별은 다음의 '방정식' 도표의 두 줄 사이에 있다.

분자 = 고체 = 결정
기체 = 액체 = 비결정

우리는 이러한 구별을 간략하게 설명해야 한다. 이른바 비결정 고체는 진정으로 비결정도 아니고 진정으로 고체도 아니다. '비결정' 목탄섬유에서 미발달한 흑연결정의 구조가 X선에 의해 밝혀졌다. 그래서 숯(목탄)은 고체이며 또한 결정이다. 우리가 결정구조를 발견하지 못하는 경우에는 그 물질을 '점성도'(내부 마찰)가 매우 높은 액체로 간주해야 한다. 그러한 물질은 잘 정의된 융해온도와 융해잠열이 없기 때문에 진정한 고체라고 할 수 없는 것이다. 가열을 하면 그것은 점점 부드러워져서 결국에는 불연속적인 성질을 나타냄이 없이 액체화된다(나는 제1차 세계대전말에 비엔나에서 커피 대신에 아스팔트 같은 물질을 받았던 것을 기억한다. 그것은 너무 딱딱했기 때문에 그 작은 벽돌 같은 것을 조각으로 만들기 위해서는 끌이나 자귀를 사용해야 했다. 조각을 만들 때 그것은 부드럽고 조개껍질 같은 균열을 보였다. 그렇지만 더 시간이 지나면 액체 같은 특성이 나타나서 며칠 동안 용기에 놓아두는 경우 용기의 밑부분을 빽빽하게 채웠다).

기체와 액체상태의 연속성은 잘 알려져 있다. 여러분은 이른바 임계점을 우회하여 가면 불연속성 없이 어떤 기체도 액체화시킬 수 있다. 그러나 우리는 여기에서 그것에 대해 더이상 자세히 언급하지는 않을 것이다.

정말로 중요한 구별

우리는 앞의 도식에서 어떤 분자가 고체이면 그것을 곧 결정으로도 간주하기를 바란다는 중요한 점을 제외하고는 모든 것을 정당화하였다.

방금 그렇게 말한 이유는 한 분자를 형성하는 원자의 수가 적든 많든 진정한 고체 즉 결정을 이루는 수많은 원자와 성질이 정확히 똑같은 힘들에 의해 결합되기 때문이다. 분자는 구조의 견고함이 결정과 똑같다. 우리가 유전자의 영속성을 설명하기 위해 의지하는 것이 바로 이 견고함이라는 사실을 기억하라!

물질구조에서 정말로 중요한 구분은 원자들이 이러한 '견고함을 주는' 하이틀러-런던 힘들에 의해 결합되어 있느냐 아니냐 하는 점이다. 고체와 분자는 모두 그러한 하이틀러-런던 힘들에 의해 결합되어 있다. 그러나 예를 들면 수은증기와 같이 개개 원자들이 제가끔인 기체에서는 그렇지가 않다. 다만 분자들의 집합인 기체에서는 그 분자들 속에 있는 원자들이 이러한 방식으로 결합되어 있다.

비주기적인 (주기성을 갖지 않는) 고체

크기가 작은 분자는 '고체의 싹'이라 부를 수 있다. 그러한 작은 고체 싹으로부터 시작하여 더 큰 집합체를 만드는 방법에는 두 가지가 있는 것 같다. 그 가운데 한 가지는 세 방향으로 되풀이해서 같은 구조를 반복하는 비교적 단조로운 방식이다. 그것은 결정이 성장할 때 쓰이는 방식이다. 일단 주기성이 확립되면, 집합체의 크기에 대해서는 뚜렷한 한계가 없다. 다른 종류의 방식은 단순반복이라는 따분한 도구를 사용하지 않고 더욱더 확장된 집합체를 만드는 것이다. 이것은 더욱더 복잡한 유기분자를 이루는 경우이다. 유기분자에서는 그것을 구성하는 모든 원자와 모든 원자 모임이 나름대로의 개별적 구실을 담당한다. 주기적 구조에서와 같이 다른 것들과 완전히 똑같은 역할을 하는 것이 아니다. 우리는 그것을 비주기적 결정 또는 고체라고 부르는데 아마 매우 적절한 표현일 것이다. 그리고 우리는 그에 따라 다음과 같은 가설을 세운다. 즉 유전자 또는 아마도 염색체사 전체[*]가 비주기적인 고체이다.

---

[*] 염색체사가 매우 유연성이 있다는 말에 반대하는 사람은 없다. 그리고 가는 구리선도 마찬가지이다.

미세부호에 압축되어 있는 다양한 내용

수정란의 핵과 같이 그렇게 작은 물질 속에 어떻게 유기체의 발달에 관한 비밀이 담겨 있는 정교한 부호가 들어 있을까 하는 의문이 자주 제기되어왔다. 스스로가 가지고 있는 질서를 영구히 유지시킬 수 있는 힘을 충분히 지닌 원자들의 질서정연한 집합체는 여러 가지 '이성체' 배열을 가능하게 하는, 유일하게 인지 가능한 물질구조인 것 같다. 그리고 한편 이러한 물질구조는 좁은 공간 속에서 복잡한 '결정론'적 시스템을 구체화시킬 수 있을 만큼 충분히 크다. 사실 그러한 구조 속에 있는 원자는, 거의 무한대라 할 만한 다양한 배열을 만들기 위해서 엄청나게 많을 필요는 없다.

이해를 돕기 위해 모스 부호를 생각해보자. 점과 선이라는 두 가지 다른 기호 4개 이하를 한 묶음으로 해서 질서정연한 조합을 만들면 30개의 다른 신호가 생긴다. 이제 만약 여러분이 점과 선 밖에 제3의 기호를 도입한다면 10개 이하를 한 묶음으로 해서 조합을 만들어도 88,572개의 다른 '문자'를 얻을 수 있을 것이다. 그리고 다섯 가지의 기호를 사용한다면 25개의 조합으로 무려 372, 529, 029, 846, 191, 405개의 신호를 얻게 될 것이다.

모르스 부호는 구성성분이 다를 수 있어서 (예를 들면 · ─ ─과 · · ─ ─) 이성체 현상에 대한 좋은 비유가 되지 못하기 때문에 비교가 부적절하다고 이의를 제기할지도 모른다. 이러한 결점을 보완하기 위해, 세번째 보기에서 정확히 25개 기호의 조합만을, 그리고 가정한 다섯 가지 유형들을 각각 정확히 5개 갖는 5점, 5선 등의 조합만을 채택하기로 하자. 대충 계산하면 조합의 수는 62,330,000,000,000이 된다. 여기에서 오른쪽에 있는 9개의 0은 내가 귀찮아서 계산하지 않은 숫자를 나타내고 있다.

물론 실제에 있어서 원자들 모임의 '모든' 배열이 존재가능한 분자를 가리키는 것은 결코 아니다. 더욱이 부호 자체가 발달을 관장하는 작동인자이기 때문에 그것은 임의적으로 선택한 부호의 문제가 아니다. 그러나 한편으로 보기에서 선택한 숫자 25는 여전히 매우 작은 것이고, 또한 우리는 일차원적으로 놓여 있는 단순한 배열들만을 상정하였다.

여기에서 우리가 말하고자 하는 것은 다음과 같은 사실이다. 즉 유전자의 분자적 형상과 더불어, 미세부호는 매우 복잡하고 특수한 발달계획에 정확하게 대응하고 있으며 또 그러한 계획이 작동하도록 하는 수단을 어쨌든 포함하고 있어야 한다는 것은 이제 더이상 인지불가능하지 않다는 사실이다.

사실들과의 비교: 안정도 및 돌연변이의 불연속성

마침내 우리가 이론적 형상과 생물학적 사실들을 비교할 차례가 되었다. 명백히 가장 먼저 던져지는 질문은 앞에서 이야기했던 이론이 정말로 우리가 관찰하게 되는 고도의 영속성을 설명할 수 있는가 하는 것이다. 평균 열에너지 kT의 몇 배나 되는 문턱값은 과연 타당한가, 그것은 보통의 화학에서 알려진 범위 이내인가? 이러한 질문은 시시한 것이다. 실험성적들을 모아 놓은 표를 검토하지 않고도 그렇다고 대답할 수 있는 것이다. 화학자가 어떤 주어진 온도에서 물질 분자를 분리하려면 그 물질 분자가 그 온도에서 적어도 몇분 동안은 존재해야 한다(이것은 관대하게 이야기한 것이다. 대개 훨씬 더 오랫동안 존재해야 한다). 그러므로 화학자가 대하게 되는 문턱값은 생물학자가 대하게 될 영속성의 정도를 실제적으로 설명하는 데 필요한 것과 정확히 같은 크기일 수밖에 없다. 왜냐하면 4장의 '잠깐 분위기를 바꾸어서 수학적으로 이야기해보자'에서 했던 논의를 상기해 볼 때 문턱값이 두 배 이내의 좁은 범위에서 변할 때 물질 분자의 존재시간(수명)은 몇 분의 1초에서 몇 만 년에 이르는 엄청난 변화를 하기 때문이다.

그러나 앞으로도 참조하기 위해 숫자를 들어 언급하기로 하자. 앞의 4장에서 예로 들었던 W/kT 비는 30, 50, 60이었는데 이때 그

물질 분자의 수명은 각각 1/10초, 16개월, 3만 년이었으며 이것들은 실온에서 각각 0.9, 1.5, 1.8 전자볼트의 문턱값에 대응한다. 우리는 '전자볼트' 단위를 설명해야 한다. 이 단위는 가시화할 수 있는 것이기 때문에 물리학자에게는 제법 편리하다. 예를 들어 세번째 숫자인 1.8은 약 2볼트의 전압에 의해 가속화된 전자가 충돌에 의한 천이를 간신히 일으킬 만한 에너지를 얻는다는 것을 뜻한다 (일상적인 것으로 비교를 하자면, 손전등에 사용되는 건전지는 3볼트짜리이다).

이러한 고려로부터 진동에너지의 우연한 변동에 의해 우리 분자의 어떤 부분에서 일어나는 원자배열의 이성체화는 사실 자연돌연변이라고 해석될 정도로 충분히 드문 사건임을 알 수 있다. 그러므로 우리는 양자역학의 바로 그러한 원리들로부터 처음에 드브리스의 관심을 끌었던 돌연변이에 관한 가장 놀라운 사실, 즉 돌연변이는 '도약' 변이이고 중간형을 만들지 않는다는 사실을 설명할 수 있다.

자연선택된 유전자의 안정성

모든 종류의 이온화 방사선에 의해 자연돌연변이율이 증가한다는 사실이 발견되었기 때문에 자연돌연변이율이 땅과 공기의 방사

델브뤽 모델에 대한 토의와 검증

능과 우주방사선에 의해 결정된다고 생각할지도 모른다. 그러나 X선 실험결과를 정량적으로 검토해보면 '자연방사능'이란 너무 약해서 자연돌연변이를 일으키는 데 있어서 작은 부분만을 차지한다는 사실이 알려졌다.

우리가 열운동의 우연한 변동에 의해 생기는 자연돌연변이가 드물다는 이유를 설명해야 한다고 하더라도, 자연이 돌연변이 현상을 드물게 하기 위해 필요한 만큼 문턱값을 미묘하게 선택하는 데에 성공하였다고 깜짝 놀라서는 안 된다. 왜냐하면 이 책의 앞부분에서 우리는 빈번한 돌연변이는 진화에 해롭다고 결론을 내렸기 때문이다. 돌연변이에 의해 유전자 구조가 불안정해진 개체들은 그들의 '초극단적인(정상에서 많이 벗어난)', 빠르게 돌연변이를 일으키고 있는 후손들이 오랫동안 살아남는 것을 볼 기회가 거의 없을 것이다. 종(種)들은 불안정한 돌연변이로부터 벗어나 결국은 자연선택에 의해 안정된 유전자들을 모으게 될 것이다.

돌연변이체의 낮은 안정성

그러나 우리의 교배실험에서 생기는 돌연변이체들과, 그리고 그 자손들에 대해 연구하기 위해 우리가 선택하는 돌연변이체들이 모두 높은 안정성을 보일 것이라고 예상할 이유는 물론 없다. 왜냐하면 그것들은 돌연변이 가능성이 너무 높기 때문에 '시험'되지 않았 거나 시험되었다 하더라도 야생교배에서 '거절'당했을 것이기 때문이다. 어쨌든 우리는 실제로 이들 돌연변이체들 가운데 어떤 것은 정상적인 '야생' 유전자들보다 돌연변이 가능성이 더 높다는 사실을 알고 결코 놀라서는 안 된다.

불안정한 유전자는 안정된 유전자보다 온도의 영향을 덜 받는다

이 명제는 다음과 같은 우리의 돌연변이율 식을 검증하도록 해준다(t는 문턱에너지가 W인 돌연변이에 대한 기대시간이다).

$$t = \tau e^{W/kT}$$

우리는 묻는다. 온도에 따라 t가 어떻게 변할까? 우리는 어렵지 않게 앞의 식으로부터 온도 $T+10$에서와 온도 T에서의 t값의 비를 얻을 수 있다.

$$\frac{t_{T+10}}{t_T} = e^{-10W/kT^2+10T}$$

여기에서 지수가 음의 값이므로 그 비는 당연히 1보다 작은 값이 된다. 온도를 올리면 기대시간은 줄어들고 돌연변이율은 높아진다. 실험곤충이 견딜 수 있는 범위의 온도에서 초파리에 대해 이 식이 검증될 수 있고 실제로 검증되었다. 언뜻 보아서 결과는 놀라운 것이었다. 돌연변이의 가능성이 '낮은' 야생 유전자에서는 돌연변이율이 현저히 증가하였지만, 이미 돌연변이가 일어나 돌연변이 가능성이 비교적 '높은' 유전자에서는 돌연변이율이 증가하지 않거나 증가하더라도 야생 유전자에 비해서는 훨씬 적게 증가하였다. 이것은 바로 우리의 두 가지 식을 비교할 때 기대할 수 있는 결과이다. 첫번째 식에 의하면 W/kT가 클 수록 t가 커져 유전자를 안정되게 하는데, 두번째 식에 따르면 W/kT가 커질수록 둘 사이의 비가 작아진다. 즉 온도에 따라 돌연변이율이 상당히 증가하게 된다(비의 실제값은 1/2과 1/5 사이에 있는 것 같다. 그 역수인 2와 5는 보통의 화학반응에서 우리가 반토프 인자라고 부르는 것이다).

X선은 어떻게 돌연변이를 일으키는가?

이제 관심을 X선에 의한 돌연변이율로 돌리지만, 우리는 이미 교배실험으로부터 다음과 같은 두 가지 점을 추론했다. 첫째 X선 조사량과 돌연변이율의 비로부터 얻은 결론으로서, 어떤 단일사건이 돌연변이를 일으킬 수 있다. 둘째 돌연변이율은 이온화밀도의 누적값에 의해 결정되며 파장과는 무관하다는 정량적인 데이타로 부터 얻은 결론으로서, 이러한 단일 사건이 특정한 돌연변이를 만들기 위해서는 (10원자거리)^{3}의 부피 안에서 이온화나 그와 비슷한 과정이 일어나야 한다. 우리의 이론에 따르면 문턱값을 넘어서는 에너지는 분명히 그러한 폭발적인 과정, 즉 이온화나 흥분에 의해 공급되어야 한다. 이온화과정 하나에서 소비되는 에너지(말하자면 X선 자체에 의한 것이 아니라 X선이 만든 2차 전자에 의해 쓰이는 에너지)는 잘 알려져 있고 비교적 큰 양인 30전자볼트이기 때문에 나는 그것을 폭발적인 과정이라고 부른다. 에너지가 방출된 곳 둘레에서 에너지는 열운동을 굉장히 증가시키게 되고 거기에서부터 '열파' 즉 원자들의 강력한 진동파 형태로 퍼져나가게 된다. 선입견이 없는 물리학자라면 약간 더 좁은 작용범위를 예측할지도 모르지만, 이 열파가 약 10원자거리의 평균 '작용범위'에서 1 내지 2 전자볼트의 문턱에너지를 공급할 수 있다는 점은 이해 불가능한 것은 아니다. 많은 경우 그러한 폭발의 효과는 질서정연한 이성체의 천이로 나타나지 않고 염색체에 병변을 일으킬 것이다. 그리고 이러한 병변은, 교묘한 교차에 의해 병변이 없는 배우자의 것이 제거되고 대응하는 유전자가 병적인 배우자의 것으로 대치될 때 치명적일 수 있다. 이러한 모든 사실은 완전히 예측할 수 있으며 그리고 관측되는 것과 정확히 일치한다.

X선의 효율은 자발적인 돌연변이율에는 좌우되지 않는다

몇 가지 다른 특성은 이론으로부터 예측할 수는 없지만 이론을 통해 쉽게 이해할 수는 있다. 예를 들어, 불안정한 돌연변이체는 안정한 것보다 X선에 의한 돌연변이율이 평균적으로 더 높지는 않다. 그리고 이제 30전자볼트의 에너지를 공급하는 폭발을 다룰 때 여러분은 필요로 하는 문턱에너지가 조금 더 크거나 작은 것, 가령 1볼트와 1.3볼트에 따라 커다란 차이가 생길 것이라고는 예측하지 않을 것이다.

가역적인 돌연변이들

몇몇 경우에 천이가 양쪽 방향으로 일어난다는 사실, 가령 어떤 '야생' 유전자로부터 특수한 돌연변이체로 그리고 그 돌연변이체로부터 다시 야생 유전자 방향으로 진행된다는 사실이 연구되었다. 그러한 경우에 자연변이율은 때로는 거의 같고, 또 때로는 매우 다르다. 처음에 연구자들은 당황한다. 왜냐하면 넘어야 할 문턱이 두 경우에 같은 것처럼 보이기 때문이다. 그러나 물론 시작하는 원자 배열의 에너지 준위로부터 문턱까지의 차이가 측정되어야 하고 그것은 야생과 돌연변이 유전자 사이에 다를 수 있다(<그림 12>를 보라. 거기에서 '1'은 야생 대립유전자의, '2'는 돌연변이체의 에너지 차이를 나타내고 있는데 화살표의 길이가 짧은 쪽이 안정성이 낮은 것이다).

종합적으로 나는 델브뤽의 '모델'은 여러가지 검증을 매우 잘 견디어내었고 따라서 앞으로의 논의에 그 모델을 사용하는 것은 정당하다고 생각한다.

6 질서와 무질서 그리고 엔트로피

> 정신이 생각하는 것을 신체가 결정할 수 없고, 신체가 움직이거나
> 쉬거나 또는 다른 어떤 일(그러한 것이 있다면)을 하는 것을 정신이
> 결정할 수도 없다.
> ─스피노자, 『윤리학』 3부 명제 2

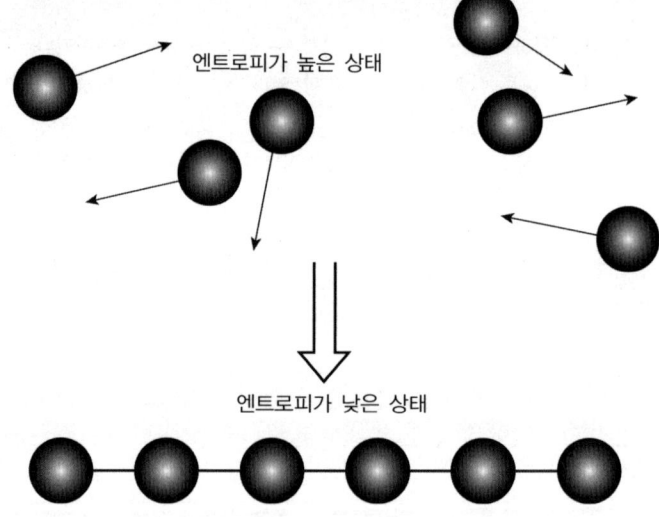

▲ 그림* 엔트로피가 높은 상태와 낮은 상태

■ □ ■

모델로부터 얻은 일반적이며 뚜렷한 결론

5장의 '미세부호에 압축되어 있는 다양한 내용'에서 내가 설명하려고 했던 구절, 즉 유전자의 분자적 형상이 적어도 미세부호가 성장발달에 관여하는 고도로 복잡하고 특수한 계획과 일 대 일로 대응하며 그 계획이 작동하도록 하는 수단을 포함해야 한다는 점을 이해하도록 해주었다는 구절을 생각해보자. 그때의 설명은 매우 그럴 듯했지만 그러나 어떻게 유전자의 미세부호가 그러한 일을 할까? 우리는 어떻게 '이해가능함'을 진정한 이해로 전환시킬 수 있을까?

델브뤽의 분자모델에는 일반적으로 말해 유전물질이 작동하는 방식에 대해서는 어떤 암시도 없는 것 같다. 진정으로 나는 가까운 장래에 물리학으로부터 이 문제에 대한 자세한 정보가 얻어지리라고 기대하지는 않는다. 오늘날 생리학과 유전학의 안내를 받으면서 생화학에 의해 진보가 진행되고 있으며 앞으로도 그러하리라고 나는 확신한다.

앞에서 이야기되었던 것과 같은 구조에 대한 일반적인 서술로부터는 유전기전의 기능에 대한 자세한 정보를 얻을 수는 없다. 이것은 분명한 사실이다. 그러나 아주 이상하게도 그것으로부터 얻을 수 있는 단 한 가지 일반적인 결론이 있었는데 고백하건대 그것이 내가 이 책을 쓰게 된 유일한 동기가 되었다.

유전물질의 일반적 형상에 관한 델브뤽의 모델로부터, 생명을 가진 물질은 지금까지 확립된 '물리법칙들'에서 벗어나지 않으면서 동시에 여태껏 알려지지 않은 '다른 물리법칙들'도 포함할 것 같다는 견해가 도출된다. 그러나 이러한 '다른 물리법칙들'은 제대로 밝혀지게 되면 전자, 즉 알려진 법칙들만큼 이 학문의 주요한 부분을 형성하게 될 것이다.

질서에 바탕을 둔 질서

이것은 여러가지 점에서 잘못된 개념과 관계되는, 상당히 미묘한 사고방식이다. 나는 이 책의 나머지 부분을 할애하여 이 점을 분명히 하려고 한다. 세련되지는 않았지만 그렇다고 전적으로 잘못된 것도 아닌, 예비적인 직관을 다음과 같은 생각에서 발견할 수

질서와 무질서 그리고 엔트로피

있을 것이다.

우리가 잘 알듯이, 여러가지 물리법칙은 통계적 법칙*이라는 것을 1장에서 설명하였다. 이러한 법칙은 사물이 무질서로 전환되는 자연적 경향과 관련이 많다.

그러나 유전물질의 높은 영속성과 미세한 크기를 조화시키기 위해서 우리는 분자, 사실은 양자론이라는 마법지팡이의 보호 아래 고도로 분화된 질서 있는 걸작품이어야 하는 매우 큰 분자의 개념을 도입해서 무질서의 경향을 피해야만 했다. 우연의 법칙은 이러한 '도입'에 의해 무효가 되지는 않지만 그것의 결과는 달라진다. 물리학자는 물리학의 고전적 법칙들이 양자론에 의해 특히 낮은 온도에서 수정된다는 사실에 친숙하다. 이러한 것의 예는 매우 많다. 생명은 이러한 것 중의 하나이며 특별히 유별난 예인 것 같다. 생명은 질서가 무질서로 전환하는 경향에만 근거하는 것이 아니라 계속 유지되고 있는 질서에도 부분적으로 근거하는 물질의 질서정연하고 규칙적인 현상인 것 같다.

다음과 같이 말할 때 물리학자들에게, 아니 오직 그들에게만 내 관점을 보다 더 분명히 하리라고 바랄 수 있을 것이다. 살아 있는 유기체란 온도가 절대온도 영도에 접근하여 분자적 무질서가 사라

---

* 물리법칙들에 대하여 완전히 일반적으로 이렇게 말하는 것은 논란의 여지가 있다. 이 점에 대해서는 7장에서 논의할 것이다.

지게 될 때 나머지 모든 시스템이 그렇듯이 그 현상의 일부분이(열역학적인 것이 아니라) 순수하게 기계적인 원리에 따르는 거대 시스템인 것 같다.

물리학자 이외의 사람은 결코 무시할 수 없을 만큼 정밀한 것이라고 간주하는 여러가지 일반적인 물리법칙이 사실상 무질서로 전환하는 물질의 통계적 경향에 근거한다는 사실을 받아들이기 어려울 것이다. 나는 1장에서 몇가지 예를 들었다. 이러한 사실과 관계 있는 일반적 원리는 유명한 열역학 제2법칙(엔트로피 원리)과 또 그만큼 유명한 그 법칙의 통계적 토대이다. 나는 이 장에서, 살아 있는 유기체에서 나타나는 규모가 큰 현상과 엔트로피 원리와의 관계에 대해 개략적으로 기술하려고 한다. 그때에는 염색체와 유전 등에 관해 알려져 있는 사실은 잠시 잊도록 하자.

살아 있는 물체는 평형으로의 이행을 피한다

생명의 특징은 무엇인가? 어떤 경우에 물질이 살아 있다고 말할 수 있을까? 물질은 어떤 경우에 '무엇을 하고', 움직이고, 환경과 물질을 교환하는 등의 일을 계속하는가? 그리고 그러한 '일'은 어째서 비슷한 상황과 조건에서 무생물체에 나타나는 것보다 더 오랫동안 유지되는가? 살아 있지 않은 시스템을 분리하거나 또는 일

질서와 무질서 그리고 엔트로피

정한 환경에 놓아두면 여러가지 종류의 마찰 때문에 그 시스템에 나타나던 모든 운동은 대개 곧 멈추게 된다. 전기나 화학 포텐셜의 차이는 없어지게 되고, 화합물을 만드는 경향이 있는 물질들은 화학반응을 일으켜 곧 그것을 형성하게 되며, 온도는 열전도에 의해 균등해진다. 그런 다음에 전시스템은 변화가 없는 불활성 물질덩어리로 변해버린다. 그리고는 아무런 관찰가능한 사건도 생기지 않는 영원의 상태에 도달한다. 물리학자들은 이것을 열역학적 평형상태 또는 '최대 엔트로피' 상태라고 부른다.

실제로 무생물체는 보통 매우 빠르게 이러한 상태에 도달한다. 그러나 흔히 이론적으로는 아직 절대적 평형이 아니며 진정한 뜻의 최대 엔트로피 상태도 아니다. 일단 그러한 상태가 된 다음 최종적으로 완전한 평형이 되는 과정은 매우 느리다. 몇 시간, 몇 해, 몇 세기, 어쩌면 그 이상이 걸릴 수도 있다. 다음과 같은 한 가지 보기, 여기에서는 그 과정이 비교적 빠른 경우를 들어보겠다. 유리잔 하나에 순수한 물을 채우고 다른 유리잔에는 설탕물을 채워서 일정한 온도의 밀폐된 상태에 함께 놓아두면, 처음에는 아무 일도 안 일어나는 것처럼 보이고 완전한 평형상태에 있다는 느낌이 든다. 그러나 하루 이틀 지나면 순수한 물은 증기압이 더 높기 때문에 천천히 증발하여 설탕물 용액 위에 농축된 것을 알게 된다. 이때 설탕물은 넘쳐 흐른다. 순수한 물이 완전히 증발한 뒤에야 설탕은 밀폐된 공간 속에 있는 모든 물에 골고루 퍼지게 된다.

 이러한 식으로 궁극적인 평형상태에 천천히 이르는 것은 결코 생명으로 간주되는 것의 성질이 아니고 따라서 우리는 여기에서 그런 것은 무시하기로 하자. 나는 다만 내 생각이 세밀하지 못하다는 비난을 받지 않기 위해 그러한 것들을 언급했을 따름이다.

생명은 '음(陰)의 엔트로피'를 먹고 산다

 유기체가 그토록 수수께끼처럼 보이는 까닭은 그것이 '평형'이라는 불활성 상태로 빠르게 변하는 현상에서 벗어나 있기 때문이다. 그래서 인간이 체계적인 사고를 하게 된 초기부터 비물리적이고 초자연적인 어떤 특수한 힘(生氣, 活力)이 유기체에서 작용한다고 생각하였고 어떤 사람들은 아직도 그러한 주장을 하고 있다.

 살아 있는 유기체는 어떻게 그러한 현상에서 벗어나 있는 것일까? 분명한 답은 먹고, 마시고, 숨쉬고 그리고 식물의 경우에는 동화작용을 하고 있기 때문이다. 전문적인 용어로 말한다면 대사를 하기 때문이다. 대사의 어원인 그리스어 '$\mu\epsilon\tau\alpha\beta\acute{\alpha}\lambda\lambda\epsilon\iota\upsilon$'는 '교환'이나 '변화'를 뜻한다. 무엇을 교환한다는 것일까? 원래 바탕에 깔린 개념은 틀림없이 재료의 교환이다(대사의 독일어 'Stoffwechsel'도 재료의 교환을 뜻한다). 재료의 교환이 핵심적이어야 한다는 것은 터무니없다. 질소, 산소, 황 등의 원자도 어떤 다른 것만큼 좋다. 그러면 이것들을 교환해서 어떤 이득을 얻을 수 있을까? 과거 얼마 동안은 우리가 에너지를 먹고산다는 말에 우리의 호기심은 별 이의 없이 충족될 수 있었다. 여러분은 어떤 선진국(나는 그것이 독일인지 미국인지 아니면 두 나라 다인지 생각이 나지 않는다) 식당의 차림판에 요리마다 가격 이외에 에너지양도 표시된 것을 본 적이 있을 것이다. 말할 필요 없이 그리고 문자 그대로 이것은 터무니없다. 왜냐하면 성장한 유기체, 즉 어른의 에너지함량은 그 사람 몸의 물질량만큼 변화하지 않기 때문이다. 확실히 어떤 칼로리도 다른 칼로리만큼의 가치가 있으므로 단순한 교환이 어떻게 도움을 줄지 알 수 없다.

그러면 우리를 죽음에서 벗어나도록 해주는 음식에 포함된 귀중한 것은 무엇일까? 거기에 대해서는 쉽게 답할 수 있다. 한마디로 말해 자연에서 진행되는 모든 일은(과정이든 사건이든 아니면 사고라고 하든 그것은 여러분이 원하는 대로 부르면 될 것이다) 그러한 일이 진행되고 있는 세계의 부분에서 엔트로피가 증가하는 현상을 동반한다. 따라서 살아 있는 유기체는 계속해서 자체 내의 엔트로피를 증가시켜[어떤 사람은 양(陽)의 엔트로피를 만든다고 말할지 모른다] 죽음을 뜻하는 최대 엔트로피의 위험한 상태로 다가가는 경향을 나타내게 된다. 그러므로 유기체는 환경으로부터 계속하여 음의 엔트로피를 얻어야 죽음에서 멀리 벗어나, 즉 살아 있을 수 있다. 음의 엔트로피는 우리가 곧 보게 되는 바와 같이 매우 긍정적인 의미를 가진다. 유기체가 먹고사는 것은 음의 엔트로피이다. 또는 덜 역설적으로 말해 대사과정의 핵심은 유기체가 살아가는 동안 생성할 수밖에 없는 모든 엔트로피로부터 스스로를 자유롭게 하는 데 성공하는 것이다.

엔트로피는 무엇인가?

엔트로피는 무엇일까? 그것은 막연하거나 추상적인 개념이 아니고 막대기의 길이, 신체 어느 부분의 온도, 결정의 융해열 또는 물질의 비열과 같이 측정가능한 물리량이라는 사실을 우선 강조하고자 한다. 절대온도 영도에서(대략 -273℃) 모든 물질의 엔트로피는 영(0)이다. 여러분이 어떤 물질을 여러 단계의 느린 가역적 과정에 따라 조금씩 다른 상태로 변화시킬 때 (그렇게 해서 물질의 물리적 또는 화학적 성질이 바뀌거나, 또는 다른 물리적 화학적 성질을 가지는 2개 이상의 부분으로 갈라진다고 하더라도 그것은 상관없다) 엔트로피는 매 단계마다 여러분이 공급해야 했던 열을 그때마다의 절대온도로 나누고(공급 열/절대온도) 그것들을 모두 더해서 얻은 양만큼 증가한다. 예를 들어 여러분이 고체를 녹일 때 엔트로피는 융해열을 융해점 온도로 나눈 양만큼 증가한다. 여러분은 이것으로부터 엔트로피의 단위는, 칼로리가 열의 단위이고 센티미터가 길이의 단위인 것과 같이 cal/℃라는 사실을 알 수 있다.

엔트로피의 통계적 의미

나는 단순히 일반인들이 엔트로피에 대해 가지고 있는 애매하고 신비스러운 생각으로부터 엔트로피의 개념을 분명하게 하기 위해 방금과 같은 전문적인 정의를 언급했다. 볼츠만과 깁스가 통계물리학적 방법으로 행한 연구로 밝혀진 점, 즉 질서와 무질서의 통계학적 개념은 여기에서 우리에게 훨씬 더 중요하다. 이것 역시 정확한 정량적인 관계인데 다음과 같이 표현된다.

엔트로피 $= k \log D$

여기서 k는 볼츠만 상수($= 3.2983 \times 10^{-24}$ cal/℃)이고 D는 의문시되고 있는 물체의 원자적 무질서의 정량적인 측정값이다. D라는 이 양을 간단한 비전문적인 용어로 정확하게 설명하는 것은 거의 불가능하다. 이것이 가리키는 무질서란 부분적으로는 열운동의 무질서이고, 부분적으로는 산뜻하게 분리되는 대신에 위에서 인용한 설탕과 물분자의 예와 같이 다른 종류의 원자들이나 분자들이 멋대로 섞일 때의 무질서이다. 볼츠만 식은 설탕과 물의 예에 의해 잘 예시된다. 어떤 주어진 공간에 있는 모든 물 위로 설탕이 점점 '퍼짐'에 따라 무질서도 D가 증가하며 (D의 로그값은 D와 함께 증가하기 때문에) 따라서 엔트로피도 증가한다. 그리고 열을 공급하면 항상 열운동이 증가한다. 즉 열을 공급하면 D가 증가하고 그에 따라 결국 엔트로피가 증가한다는 사실도 매우 분명한 일이다. 여러분이 결정을 녹일 때 이러한 현상을 특히 분명하게 볼 수 있는데, 왜냐하면 가해진 열에 의해 분자나 원자들의 아름답고 영속적인 배열이 파괴되고 결정격자가 계속적으로 변해 무작위한 상태로 배열되기 때문이다.

　분리된 시스템이나 균등한 환경에 있는 시스템은 (여기에서 우리는 균등한 환경은 우리가 생각하고 있는 시스템의 한 부분으로 생각하려고 한다) 그 자체 내의 엔트로피가 증가하여 제법 빠르게 최대 엔트로피의 불활성상태로 접근한다. 우리는 이제 우리가 인위적으로 방해하지 않는 한 물질이 무질서 상태로 가는 이러한 자연적 경향을 근본적인 물리법칙이라고 인정한다(도서관의 책이나 서류뭉치 또는 책상 위의 원고가 보이는 경향도 이와 같은 것이다. 이 경우 불규칙한 열운동과 비슷한 것은 책, 서류, 원고들을 원래의 제자리로 되돌려놓지 않고 그냥 내팽개쳐두는 것이다).

유기체는 환경으로부터 '질서'를 얻어내어 유지된다

열역학적 평형, 즉 죽음으로의 이행을 지연시키는 살아 있는 유기체의 신비하고도 탁월한 재능을 통계이론적으로는 어떻게 표현할 수 있을까? 우리는 앞에서 다음과 같이 말했다. "생명은 음의 엔트로피를 먹고산다." 다시 말해 음의 엔트로피의 흐름을 자신에게 끌어당겨서, 살아가느라고 만든 엔트로피의 증가를 보상하여 비교적 낮은 엔트로피 수준에서 일정하게 자신을 유지하는 것이다.

D가 무질서의 측정값이라면 역수인 1/D는 질서의 직접적인 측정값으로 간주할 수 있다. 1/D의 로그는 D의 로그의 음(-)의 값이므로 우리는 볼츠만 식을 다음과 같이 쓸 수 있다.

-(엔트로피) = $k \log (1/D)$

그러므로 '음의 엔트로피'라는 거북한 표현은 더 좋은 것으로 대치할 수 있다. 음의 기호와 함께 쓰인 엔트로피는 그 자체가 질서의 측정값이다. 따라서 유기체가 비교적 높은 질서도 수준(즉 비교적 낮은 엔트로피 수준)에서 자기 자신을 일정하게 유지하는 방법은 진정 환경에서 질서정연함을 계속 흡입하는 것이다. 이러한 식으로 결론을 내리면 처음의 인상보다는 덜 역설적인 느낌이 든다.

오히려 너무 당연한 결론이라는 점 때문에 비난받을 수 있을 것이다. 고등동물의 경우, 그것들이 먹고사는 질서정연함의 종류, 즉 음식물로 이용되는 다소 복잡한 유기화합물 속의 매우 잘 정리된 물질상태에 대해 우리는 충분히 알고 있다. 고등동물은 음식물인 유기화합물 속에 들어 있는 질서를 이용한 뒤 상당히 대사된(분해된) 형태로 그것을 (자연계에) 되돌려준다. 그러나 완전히 분해된 상태로 되돌려주는 것은 아니다. 따라서 식물이 그것을 이용할 수 있다(물론 식물은 태양 빛으로부터 가장 강력한 음의 엔트로피 공급을 받는다).

6장에 대해 덧붙이는 말

음의 엔트로피에 대한 견해에 대해 동료 물리학자들은 의심과 반대를 표명했다. 만약 나 혼자만 그러한 개념에 만족하고 있었다면 나는 그 대신에 자유에너지에 대해 토론을 했어야 했다는 것을 말하고자 한다. 이러한 경우 물론 자유에너지가 더 친숙한 개념이다. 그러나 이런 고도로 전문적인 용어, 즉 자유에너지는 언어학적으로 에너지에 너무 가까워서 평범한 독자로서는 이 둘 사이의 차이를 느낄 수 없었을 것이다. 독자는 적절하지 않게 '자유'라는 말을 다소 장식적인 별칭으로 여길 것 같다. 실제로는 그와 달리 그

질서와 무질서 그리고 엔트로피

개념은 오히려 더 복잡하여 볼츠만의 질서-무질서 원리에 대한 관련은 엔트로피와 '음의 기호를 가진 엔트로피'보다 추적하기가 더 어렵다. 그리고 '음의 기호를 가진 엔트로피'라는 개념과 용어는 내 발명품이 아니다. 우연하게도 그것은 볼츠만의 원래 논의가 시작되었던 개념과 정확히 같다.

그러나 시몬은 나에게 다음과 같이 매우 타당한 지적을 하였다. 내가 말했던 간단한 열역학적 개념으로는 우리가 숯이나 다이아몬드 펄프보다 좀더 복잡한 유기화합물과 같이 질서도가 매우 높은 물질을 먹고살아야 하는 사실을 설명할 수 없다는 것이다. 그의 지적이 옳다. 그러나 나는 연소 안된 숯이나 다이아몬드 조각도 역시 그것들을 연소하는 데 필요한 산소와 마찬가지로 질서도가 매우 높은 상태에 있다는 것을 평범한 독자에게 설명해야 한다. 이것은 물리학자라면 잘 이해하고 있는 사실이다. 이 점에 대한 증거는 다음과 같은 것이다. 숯의 연소반응이 일어나게 되면 열이 많이 생길 것이다. 그리고는 열이 주변환경으로 배출되어 시스템은 반응에 의해 생긴 상당량의 엔트로피 증가를 처리하고 그 결과 대략적으로 엔트로피가 반응 전과 같은 상태에 도달한다.

그렇지만 우리는 그러한 반응에서 생긴 탄산가스를 먹고 살 수는 없다. 그리고 실제로 우리가 먹는 음식에 들어 있는 에너지의 양이 중요하다고 시몬이 나에게 지적해준 것은 매우 옳다. 따라서 내가 에너지를 표시하고 있는 차림표를 비웃은 것은 부적절하였다. 신체운동을 할 때 쓰이는 기계적 에너지뿐만 아니라 계속하여 환경으로 방출되는 열을 대치하기 위해서도 에너지가 필요하다. 그리고 우리의 몸에서 열이 방출되는 현상은 우연한 것이 아니고 필수적인 것이다. 왜냐하면 바로 그러한 현상이 우리의 일상생활 과정에서 계속 생산되는 잉여 엔트로피를 처리하는 방식이기 때문이다.

　이러한 논리는 온혈동물의 체온이 (냉혈동물보다) 더 높기 때문에 온혈동물은 엔트로피를 더 빠른 속도로 제거할 수 있는 이점이 있어서 더 격렬한 생활과정을 영위할 수 있다는 사실을 시사하는 것처럼 보인다. 이러한 주장에 얼마나 많은 진실이 들어 있는지 나로서는 확신할 수 없다(그러나 이 점에 대해서 책임이 있는 것은 시몬이 아니라 나 자신이다). 어떤 사람은 이러한 사실에 대해 다음과 같이 반대할지도 모른다. 즉 많은 온혈동물은 한편으로 털과 깃털이 있어서 열 손실이 빨리 일어나지 않는다는 것이다. 그래서 내가 있으리라고 믿는, 체온과 '생활의 격렬함' 사이의 평행현상은 앞서 5장에서 언급했던 다음과 같은 반토프 법칙을 이용하여 좀더 직접적으로 설명해야 할지 모른다. 더 높은 체온 자체가 생명현상에 관련 있는 화학 반응의 속도를 증가시킨다(이것이 실제로 그렇다는 사실은 주위환경의 온도를 취하는 냉혈동물에서 실험적으로 확인되었다).

7 생명은 물리법칙들에 근거해 있는가?

어떤 사람이 결코 모순된 말을 안 한다는 것은 틀림없이 그가
실제로 아무 말도 하지 않기 때문이다.
―미구엘 드 우나무노

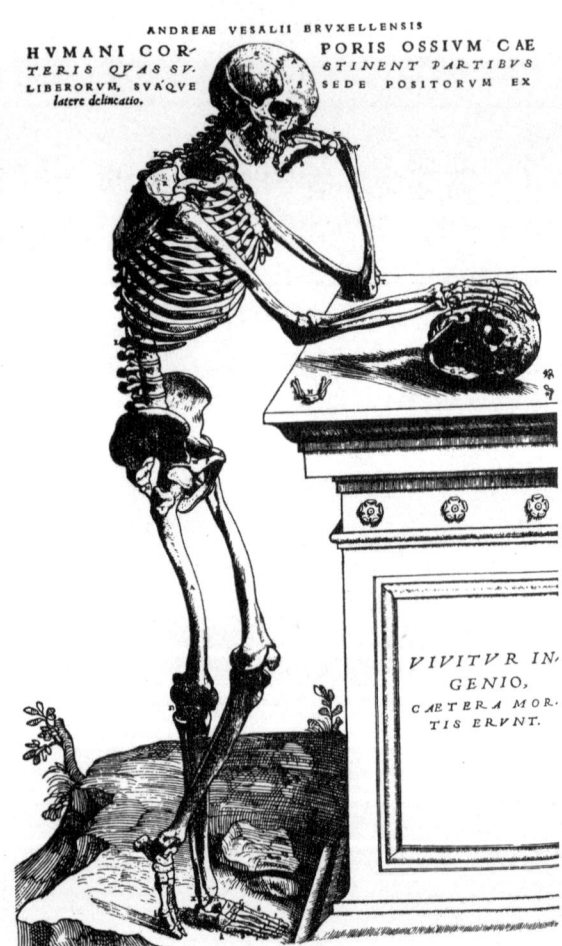

▲ **그림*** 베잘리우스의 『인체의 구조』에서

■ □ ■

유기체에서 예상되는 새로운 법칙들

이 마지막 장에서 내가 분명히 하고 싶은 것은, 간단히 말해서 생명체의 구조에 대해 우리가 알고 있는 모든 사실로부터 우리는 생명체가 보통의 물리법칙으로 설명할 수 없는 방식으로 작동하고 있는지를 알아낼 준비가 되어 있어야 한다는 점이다. 그리고 그러한 것이 살아 있는 유기체 안에서 개개 원자들의 행동을 규정하는 어떤 '새로운 힘' 등이 있기 때문이 아니라, 우리가 지금까지 물리학 실험실에서 검증했던 것과는 구성이 다르기 때문인지도 알아낼 준비가 되어 있어야 한다. 있는 그대로 말하자면 열기관에만 친숙한 기술자가 전기모터의 구조를 검토한 뒤에 그가 아직 이해하지 못한 원리들을 좇아 그 모터가 작동하는 방식을 알아내려 하는 태도와 마찬가지일 것이다. 그 기술자는 열기관의 솥에서 친숙해 있는 구리가, 모터에서는 코일에 감긴 길고 긴 선 모양으로 쓰였다는 사실을 발견한다. 레버와 막대기 그리고 증기실린더에서 그에게 친숙해 있는 철은 여기에서 구리선 코일의 내부를 채우고 있다. 그 기술자는 똑같은 자연법칙에 따르는 똑같은 구리와 철이라고 확신할 것이다. 그리고 그는 그 점에서 옳다. 충분히 그는 구성에 차이가 있기 때문에 전혀 다른 방식으로 작동하는 것이라고 생각할 것이다. 보일러와 증기는 없더라도 스위치를 켬으로써만 돌기 때문에 유령이 전기모터를 작동한다고는 생각하지 않을 것이다.

생물학적 상황의 재검토

유기체의 생활환에서 전개되는 각종 현상은 우리가 무생물체에서 보는 어떤 사건도 견줄 수 없을 만큼 경탄할 규칙성과 질서정연함을 보여준다. 우리는 그러한 현상이 각 세포에서 매우 작은 부분에 지나지 않는, 최상으로 잘 정돈된 원자들 집단에 의해 조절되는 사실을 알고 있다. 더욱이 돌연변이 기전에 대해 우리가 세웠던 관점으로부터, 우리는 생식세포의 '지배적인 원자들' 집단 안에서 단지 몇 개의 원자들에만 변화가 일어나도 유기체가 가지고 있는 큰 규모의 유전적 특징들에 뚜렷한 변화가 생긴다고 결론을 내릴 수 있다.

이러한 사실들은 현대 과학이 밝혀낸 가장 흥미로운 것이다. 우리는 결국 그것들을 전혀 받아들일 수 없는 것으로 간주할 수는 없다는 사실을 밝히려는 것이다. 유기체가 '질서의 흐름'을 자신에게 집중시켜서 원자적 무질서로 빠지지 않는—다른 말로 하자면 적절한 환경으로부터 '질서를 들이마시는'—놀라운 재능은 '비주기적인 고체' 즉 염색체 분자의 존재와 연관되는 것 같다. 염색체 분자는 의심할 여지없이 모든 원자와 래디컬이 그 분자 속에서 수행하는 개개의 역할을 통해 우리가 아는 것 중에서 가장 잘 정돈된 원자집합체이다. 그것은 보통의 주기적 결정보다 훨씬 더 잘 정돈되어 있다.

간략히 말하자면 우리는 존재하고 있는 질서가 그 질서 자체를 유지하며 또 질서정연한 사건들을 만들어내는 힘을 보여주는 현상을 목격하고 있는 것이다. 우리는 비록 이것이 그럴 듯하다는 것을 입증하기 위해 틀림없이 유기체들의 활동을 포함하는 사회조직과 다른 사건들에 관련된 경험에 의존하게 되지만, 어쨌든 이것은 그럴 듯하게 들린다. 그리고 거기에는 악순환 비슷한 것이 있는 듯이 보이기도 한다.

물리적 상황의 요약

생물학적 상황이 어떨지라도, 되풀이해서 강조하고자 하는 점은 물리학자에게 그 상황은 그럴 듯하지도 않을 뿐만 아니라 전례도 없는 일이기 때문에 가장 흥미롭다는 것이다. 보통 사람의 믿음과는 달리 물리법칙에 의해 지배되는 사건들의 경과가 규칙적인 것은 결코 그 물질의 구조가 원자들로 잘 정돈되었기 때문이 아니다. 만약 주기적 결정에서나 많은 수의 동일한 분자로 구성된 액체나 기체에서와 같이 원자들의 배열이 매우 여러 번 되풀이되지 않는다면 그러한 규칙적인 경과는 불가능하다.

화학자가 시험관에서 매우 복잡한 분자를 다룰 때조차도 그는 항상 매우 많은 수의 같은 분자들과 마주치게 된다. 그의 법칙은 그 분자들에 적용된다. 예를 들면 그는 여러분에게 어떤 반응이 시작되어 1분이 지나면 분자들의 절반이 반응을 일으키고 2분 뒤에는 3/4이 반응을 일으킬 것이라고 말할지도 모른다. 그러나 그 화학자는 어떤 특정한 분자가 반응을 할지 또는 여전히 가만히 있을지를 예측할 수는 없다. 그것은 순전히 우연의 문제이다.

이것은 순전히 이론적인 추측이 아니다. 그리고 우리가 원자들의 작은 집단 또는 개개 원자의 운명을 결코 관찰할 수 없다는 뜻도 아니다. 때때로 우리는 그러한 것을 관찰할 수도 있다. 그러나 그럴 때마다 우리는 완전한 불규칙성을 발견하게 되는데, 많은 원자들에 대해 평균적으로 이야기할 때에만 규칙성을 말할 수 있다. 우리는 1장에서 다음과 같은 한 가지 보기를 다뤘다. 액체에 떠 있는 작은 입자의 브라운 운동은 완전히 불규칙하다. 그러나 만약 비슷한 입자들이 많이 있으면 그것들은 각각 불규칙한 운동을 함으로써 확산이라는 규칙적인 현상을 일으키는 것이다.

개개 방사능 원자가 붕괴하는 현상은 관찰가능하다(원자는 그때 형광 스크린에 가시적인 섬광을 일으키는 투사물을 방출한다). 그러나 여러분에게 방사능 원자 하나가 주어졌을 때 그 원자의 수명을 예상하기란 건강한 참새의 수명에 비해 훨씬 불확실할 것이다. 정말 원자의 수명에 대해 더이상 어떤 것도 이야기할 수 없다. 그것이 살아 있는 한(몇천 년이 될지도 모른다) 작든지 크든지 다음 1초 동안 붕괴할 확률은 같은 정도이다. 이렇듯 개개의 운명에 대한 예측은 명백히 불가능할지라도 같은 종류의 방사능 원자가 많이 있는 경우에 붕괴하는 양상은 정확히 지수법칙을 따른다.

뚜렷한 대조

생물학적 현상의 경우 우리는 이와는 완전히 다른 상황에 직면한다. 생물체에서는 한 복사본에만 존재하는 개개 원자모임이 가장 미묘한 법칙에 따라 서로 잘 조화되고 환경과도 잘 조화가 된 질서정연한 사건을 만들어낸다. 나는 방금 한 복사본에만 존재한다고 말했는데 그것은 우리가 난자와 단세포 유기체의 예를 알고 있기 때문이다. 고등생물의 경우 다음 세대로 넘어갈 때 복사본들은 복제가 된다. 이것은 사실이다. 그러면 어느 정도로? 성장이 끝난 포유동물에서 10^{14} 정도라고 나는 이해하고 있다. 그것은 얼마나 되는 것일까! 그것은 고작 공기 1입방 인치에 들어 있는 분자 수의 100만분의 1일뿐이다. 이것들이 응결한다면 단지 작은 액체방울 하나를 형성할 정도이다. 그러면 이것들이 실제로 어떻게 분포하는지를 알아보자. 모든 세포에는 복사본이 하나씩만 있다(배수체의 경우에는 두 개). 우리는 각각의 세포에서 이 작은 중앙사무소가 가지고 있는 힘을 알고 있기 때문에, 그것들을 모든 세포에 대해 공통적인 부호 덕택에 매우 쉽게 서로 교신할 수 있는 온몸에 퍼져 있는 지방정부사무소에 비유할 수 있을는지?

그런데 이것은 환상적인 서술로서 아마 과학적이라기보다는 시적인 표현일 것이다. 우리가 여기에서 물리학의 '확률기전'과 전혀 다른 '기전'에 의해 이끌려서 규칙적이고 합법칙적으로 전개되는 사건들을 직면하고 있다는 사실을 인식하기 위해서 우리에게 필요한 것은 시적인 상상력이 아니라 명백하고 착실한 과학적 사고이다. 왜냐하면 모든 세포에서 지침이 되는 원리는 복사본 하나에(때로는 둘에) 있는 단일한 원자집합체에 구체화되어 있다는 것은 단지 관찰된 사실이며 그 원자집합체가 전형적인 질서를 보여주는 여러가지 사건을 만들어낸다는 것도 관찰된 사실이기 때문이다. 작

생명은 물리법칙들에 근거해 있는가?

지만 고도로 조직화된 원자모임이 이러한 방식으로 행동할 수 있다는 것은 우리가 놀라운 것으로 보든지 또는 자못 당연한 것으로 보든지 그러한 상황은 전례 없는 것이며, 생명체 이외에 다른 것에서는 알려져 있지 않은 것이다. 물리학자와 화학자는 무생물체를 연구하면서 이런 방식으로 해석해야 했던 현상을 결코 목격하지 못했다. 그러한 사례가 없었고 따라서 우리의 이론은 그것을 포괄하고 있지 않다. 우리에게 장막의 뒤를 볼 수 있게 해주고 원자와 분자의 무질서로부터 정확한 물리법칙을 따르는 굉장한 질서를 볼 수 있게 해주었기 때문에 우리는 그 멋진 통계이론을 매우 자랑스럽게 생각하였다. 다시 말해 엔트로피 증가라는 가장 중요하고 가장 일반적이며 모든 것을 포괄하는 법칙을 임시로 유별난 가정을 하지 않더라도 이해 가능하도록 해주었기 때문에 우리는 통계이론을 자랑스럽게 생각하였던 것이다. 즉 엔트로피 증가는 분자의 무질서 자체 이외의 어느 것도 아니다.

질서정연함을 만드는 두 가지 방법

생명현상이 전개될 때 우리가 만나게 되는 질서는 하나의 다른 근원에서 생긴다. 질서정연한 사건들이 생길 수 있는 기전에는 두 가지가 있는 것 같다. 즉 '무질서로부터 질서'를 만드는 '통계기전'

과 '질서로부터 질서'를 만드는 새로운 기전이다. 편견 없는 마음에는 두번째 원리가 더 간단하고 더 그럴 듯하게 보인다. 그것이 더 간단하고 더 그럴 듯하다는 점은 틀림없다. 바로 그 점이 물리학자들이 다른 것, 즉 '무질서로부터 질서' 원리에 빠지게 된 사실에 대해 오히려 자랑스럽게 생각하는 이유이다. '무질서로부터 질서' 원리는 자연계에서 실제로 나타나고 있으며, 이 원리만으로 자연계 사건들의 거대한 경향, 그 가운데에서 우선 여러가지 사건의 불가역성을 이해할 수 있다. 그러나 우리는 자연계의 사건들로부터 유도되고 도출된 '물리법칙들'이 생명체의 행동을 올바르게 설명하기에 충분하리라고 기대할 수는 없다. 왜냐하면 생명체의 가장 현저한 특징은 '질서에서 질서' 원리에 많이 근거하고 있는 것처럼 보이기 때문이다. 여러분은 두 개의 전혀 다른 기전에 의해 똑같은 유형의 법칙이 생겨나리라고는 기대하지 않을 것이다. 여러분은 여러분이 가진 빗장열쇠로 옆집의 문도 열 수 있으리라고 기대하지 않을 것이다.

 우리는 보통의 물리법칙들로 생명을 해석하는 것이 어렵다 하여 낙담해서는 안 된다. 왜냐하면 그러한 어려움은 우리가 생명체의 구조에 관해 얻었던 지식으로부터 예견되는 바이기 때문이다. 우리는 생명체에 있는 새로운 유형의 물리법칙을 발견할 준비를 해야한다. 그렇지 않다면 우리가 그것을 초물리적이라고는 하지 않을지라도 비물리적 법칙이라고 불러야 하지 않을까?

새로운 원리가 물리학에 이질적인 것은 아니다

아니다. 나는 그것을 초물리적이거나 비물리적인 것이라고 생각하지 않는다. 왜냐하면 우리가 말한 새로운 원리는 순수하게 물리적인 것이기 때문이다. 내 생각으로 그 원리는 바로 양자론의 원리 이외에 아무 것도 아니다. 이것을 설명하기 위해서는 앞에서 주장했던 것, 즉 모든 물리법칙은 통계학에 토대를 두고 있다는 사실을 수정함은 말할 것도 없고 세련되고 정확하게 하는 작업을 포함해서 좀 길게 이야기해야 한다.

내가 되풀이했던 이러한 주장은 모순을 일으킬 수밖에 없었다. 왜냐하면 진정으로 거기에서는 현저한 특징들이 '질서로부터 질서' 원리에 직접적으로 그리고 뚜렷하게 근거하고 있고 통계학이나 분자의 무질서와는 관련 없는 것처럼 보이는 현상들이 있기 때문이다.

태양계의 질서, 즉 혹성들의 운동은 거의 무기한으로 언제까지나 지속된다. 지금 이 순간의 별자리는 피라미드 시대 어느 순간의 별자리와 직접 연결된다. 그것은 거꾸로 거슬러 올라갈 수도 있으며 그 역도 가능하다. 과거의 일식들이 생겼던 시대를 계산한 결과

역사적 기록들과 잘 일치한다는 사실이 밝혀졌고, 어떤 경우에는 이러한 계산으로 지금까지 인정되던 연대기가 정정되기조차 하였다. 이러한 계산들은 어떠한 통계학도 함축하고 있지 않으며 오로지 뉴턴의 만유인력법칙에만 근거하고 있다.

좋은 시계의 규칙적인 운동이나 그밖의 어떤 비슷한 장치도 통계학과 관련되어 있지 않는 것 같다. 간단히 말해 순전히 역학적인 모든 사건은 분명히 그리고 직접적으로 '질서로부터 질서' 원리를 따르는 것 같다. 그리고 우리가 '역학적'이라고 말할 때, 이 용어는 넓은 뜻으로 받아들여져야 한다. 여러분이 아는 바와 같이 매우 유용한 시계는 발전소에서 보내는 전자파의 규칙적 전송에 근거한다.

나는 플랑크가 쓴 「동력학적인 유형의 법칙과 통계학적인 유형의 법칙」이라는 제목의 흥미로운 작은 논문을 기억한다. 그 두 법칙의 차이는 정확히 우리가 여기에서 '질서로부터 질서'와 '무질서로부터 질서'라고 이름 붙인 것 사이의 차이이다. 그 논문의 목적은 대규모 사건들을 조절하는 흥미로운 '통계학적인' 유형의 법칙이 소규모 사건들을, 즉 개개 원자들과 분자들의 상호작용을 지배한다고 여겨지는 '동력학적인' 유형의 법칙들로부터 어떻게 구성되는가를 보여주는 것이다. 후자, 즉 '동력학적인' 유형의 법칙은 혹성이나 시계 등의 운동과 같이 규모가 큰 역학적 현상에 의해 예시된다.

생명은 물리법칙들에 근거해 있는가?

우리가 상당히 진지하게 생명을 이해하는 데 참된 단서가 된다고 지적했던 '새로운' 원리 즉 '질서로부터 질서' 원리는 물리학에 결코 새로운 것이 아닌 것으로 보일 것이다. 플랑크의 태도는 새 원리의 우선권을 옹호하기조차 한다. 생명의 이해에 대한 단서는 순수한 기계적 장치, 즉 플랑크 논문에서 말하는 '시계작업'에 근거하고 있다라는 우스운 결론에 우리가 도달한 것처럼 보인다. 하지만 그러한 결론은 우스꽝스러운 것이 아니고 내 생각으로는 완전히 틀린 것도 아니다. 독자들은 그러한 말을 잘 새겨 들어야 할 것이다.

시계의 운동

실제로 존재하는 시계의 운동을 세밀하게 분석해보자. 시계의 운동은 결코 순수하게 역학적인 현상은 아니다. 순수하게 역학적인 시계는 용수철도 태엽도 필요로 하지 않을 것이다. 한번 운동하도록 해 놓으면 이 시계는 영원히 계속 작동할 것이다. 용수철 없는 실제의 시계는 진자가 몇 번 흔들리고는 멈추고 역학적 에너지는 열로 변한다. 이것은 한없이 복잡한 원자과정이다. 물리학자들이 이것에 대해 가지고 있는 일반적 개념은 역과정이 완전히 불가능하지는 않다는 것이다. 톱니바퀴의 열에너지와 주변환경의 열에너지를 사용해서 용수철 없는 시계가 갑자기 움직이기 시작할지도 모른다. 이때 물리학자는 다음과 같이 말해야 할 것이다. 시계는 브라운 운동에 의한 매우 강력한 충격을 경험하고 있다. 우리는 매우 예민한 비틈저울(전위계 또는 전류계)에서 그러한 종류의 일들이 줄곧 일어나는 것을 2장에서 보았다. 물론 시계의 경우에는 그러한 일이 절대로 일어날 것 같지 않다.

시계의 운동을 플랑크의 표현으로 하자면 동력학적 유형의 법칙에 따르는 것으로 해석할지 아니면 통계학적 유형의 법칙적 사건으로 해석할 것인지는 우리의 태도에 달려 있다. 시계운동을 동력학적 현상으로 생각하는 경우에 우리는 열운동에 의한 조그마한 방해들을 이겨내는 비교적 약한 용수철로 보장될 수 있는 규칙적인 진행에 주의를 집중한다. 그 결과 우리는 열운동에 의한 방해를 무시할지도 모른다. 그러나 만약 용수철 없이는 시계가 마찰에 의해 점점 느려진다는 사실을 기억한다면 우리는 이 과정은 통계학적 현상으로만 이해할 수 있다는 것을 알게 된다.

시계에서 마찰효과와 열효과가 실제로 아무리 적을지라도 이것들을 무시하지 않는 통계학적 태도가 더 근본적이고 중요한 것이다. 이 점은 용수철에 의해 작동하는 시계의 규칙적 운동을 설명할 때조차도 그러하다. 왜냐하면 추진장치가 정말로 그 과정의 통계학적 성질을 배제한다고는 생각되지 않기 때문이다. 진정한 물리적 개념은 규칙적으로 가는 시계조차도 갑자기 그 운동을 거꾸로 하고, 역으로 작동하여 환경의 열을 이용함으로써 용수철을 다시 감을 가능성을 포함한다. 이러한 일이 일어날 가능성은 추진장치 없는 시계에 '브라운 충격'을 주는 것보다 '여전히 조금 적을' 뿐이다.

시계장치의 운동은 결국 통계학적인 것

이제 상황을 재검토해보자. 우리가 방금 분석했던 '간단한' 경우는 여러가지 다른 것들, 즉 사실 모든 것을 포괄하는 원리인 분자 통계학에서 벗어나는 모든 것들을 대표한다. 가상적인 것이 아니라 실제의 물리적 물질로 구성된 시계장치는 진정한 '시계운동'을 하지 않는다. 우연한 요소가 다소 줄어들지 모르고, 시계가 갑자기 아주 잘못될 가능성이 매우 적을지 모르지만 그러한 가능성은 배경에는 항상 남아 있게 된다. 천체의 운동에서도 불가역적인 마찰과 열의 효과가 없는 것은 아니다. 그러므로 지구의 자전은 조수의 마찰에 의해 점점 감소되고 그 결과 달은 지구에서 점점 멀어진다. 지구가 조류의 영향을 전혀 받지 않는 완전히 단단한 회전구라면 이러한 일은 일어나지 않을 것이다.

그럼에도 불구하고 '물리적인 실제의 시계운동'은 '질서로부터 질서'의 특성을 눈에 띄도록 매우 뚜렷하게 보여준다는 사실은 남아 있다. '질서로부터 질서'라는 특성은 물리학자가 유기체에서 만나게 되었을 때 흥분하였던 그러한 유형이다. 위에서 들었던 두 가지 예는 결국 어떤 공통점을 가지고 있는 것 같다. 그 공통점은 무엇이고 유기체의 예를 결국 신기하고 전례 없는 것으로 만드는 뚜렷한 차이점은 무엇인지에 대해서 밝혀야 할 것이다.

네른스트 정리

물리적 시스템, 즉 모든 종류의 원자집합체는 언제 (플랑크의 표현으로 하자면) '동력학적 법칙' 또는 '시계 운동의 특성'을 나타낼까? 이 문제에 대해 양자론은 '절대온도 영도'라는 매우 짤막한 해답을 준다. 절대온도 영도로 접근함에 따라 분자적 무질서는 물리적 사건들에 대해 아무런 영향도 나타내지 않게 된다. 그런데 이러한 사실은 이론에 의해 발견된 것이 아니라 넓은 범위의 온도에서 화학반응들을 주의 깊게 관찰하여 그 결과를 실제로는 도달할 수 없는 절대온도 영도까지 확대연장(외삽)시켜 알려진 것이다. 이것이 네른스트의 유명한 '열 정리'인데 때때로 '열역학 제3법칙'이라는 자랑스러운 이름으로 불리고 있다(그러한 표현은 결코 지나친 것이 아니다. 그리고 열역학 제1법칙은 에너지 원리, 제2법칙은 엔트로피 원리이다).

양자론은 네른스트의 경험적 법칙에 논리적인 토대를 제공한다. 그리고 양자론은 또한 '동력학적' 행동에 가까운 현상을 보이기 위해서는 시스템이 절대온도 영도에 얼마나 가까이 접근해야 하는지를 평가할 수 있게 해준다. 어떤 구체적인 경우에 온도가 얼마까지 내려가야 실질적으로 영도에 버금가는 것이라고 할 수 있을까?

이제 여러분은 이것이 언제든지 매우 낮은 온도이어야 한다고 생각해서는 안된다. 사실상 네른스트의 발견은 실온에서도 엔트로피가, 많은 화학반응에서 놀라울 정도로 미미한 역할만을 한다는 사실로부터 유도된 것이다(나는 엔트로피란 분자적 무질서의 직접적인 측정값, 즉 로그값이라는 것을 재차 말하고자 한다).

진자시계는 실제적으로 절대온도 영도에 있다

진자시계는 어떠한가? 진자시계의 경우, 실온은 실제적으로 영도에 해당한다. 그러한 사실이 진자시계가 '동력학적'으로 작동하는 이유이다. 여러분이 그 시계를 냉각시키더라도(모든 기름찌꺼기를 제거하면 될 것이다!) 시계는 원래대로 계속 작동할 것이다. 그러나 시계를 실온 이상으로 가열한다면 작동을 멈출 것이다. 왜냐하면 시계가 결국에는 녹아버릴 것이기 때문이다.

시계장치와 유기체와의 관계

위의 사실은 매우 시시한 것처럼 보이지만 중요한 부분을 언급하고 있다고 생각한다. 시계장치는 '동력학적'으로 기능할 수 있는데, 그 이유는 보통 온도에서 열운동의 무질서한 경향을 피할 수 있을 만큼 강력한 런던-하이틀러 힘에 의해 모양을 유지하는 고체들로 만들어져 있기 때문이다.

이제 시계장치와 유기체 사이의 비슷한 점을 밝히기 위해서는 다만 다음과 같은 몇 마디 말만 더 필요하다고 생각한다. 즉 유기체 역시 열운동이라는 무질서에서 멀리 떨어져 있는 유전물질을 형성하는 '비주기적 결정'이라는 고체에 근거한다는 것이다. 여러분은 내가 염색체 섬유를 '유기적 기계의 톱니'라고 부른다고 비난하지 않으면 좋겠다. 적어도 비유의 근거가 된 심오한 물리이론들을 언급하지 않은 상태에서는.

왜냐하면 참으로 둘, 즉 시계와 유기체 사이의 근본적인 차이를 상기하고 생명체에서 '신기하고'와 '전례 없는'과 같은 형용사를 정당화하기 위해서는 덜 수사적일 필요가 있기 때문이다.

나는 생명체의 가장 뚜렷한 특성을 다음과 같이 말하고자 한다. 첫째, 다세포 유기체에서 톱니들이 진기하고 흥미로운 분포를 하고 있다는 점이다. 나는 그 점에 대해 이 장의 '뚜렷한 대조'에서 다소

시적인 서술을 하였다. 둘째, 개개 톱니는 인간의 조잡한 작품이 아니고 신이 양자역학의 방향을 따라 이룩한 가장 멋진 걸작품이라는 사실이다.

에필로그

결정론과 자유의지에 대해서

■ □ ■

내가 우리의 문제를 순수하게 과학적 관점에서 설명하느라고 겪은 어려움에 대한 대가로, 필연적으로 주관적일 수밖에 없는 철학적 문제에 대한 내 자신의 견해를 첨가할 수 있도록 허락해주기 바란다.

앞에서 살펴본 증거에 의하면 생명체에서 마음의 활동, 즉 자의식적이거나 또는 마음의 다른 작용에 해당하는 시공간적 사건들은 그것들의 복잡한 구조와 물리화학에서 받아들여진 통계학적 설명 등을 고려할 때 엄격하게 결정론적이지는 않지만 어쨌든 통계학적으로 결정론적이다. 어떤 사람들의 주장과는 달리 나는 '양자론적 불확정성'은 아마도 감수분열, 자연변이 그리고 X선에 의한 돌연변이 등과 같은 사건들에서 그것들의 순전히 우연적인 특성을 높이는 것 말고는 생물학적으로 적절한 역할을 전혀 하고 있지 못하다고 물리학자에게 강조하고자 한다. 그리고 이러한 사실은 어떤 경우에든 분명하며 잘 알려져 있다.

'자기자신을 순수한 기계라고 선언하는 것'에 대한, 잘 알려진 불유쾌한 느낌이 없다면 편견 없는 생물학자라면 누구나 그러하리라고 믿기 때문에, 나는 논의의 편의를 위해 이것을 사실이라고 간주하려 한다. 비록 그것은 직접적인 자기성찰에 의해 보장되는 자유의지에 모순되는 것으로 여겨지더라도

그러나 자기자신에게서 겪는 직접적인 경험은 그것들이 아무리 다양하고 서로 괴리되는 것일지라도 논리적으로 서로 모순될 수는 없다. 그래서 우리는 과연 아래의 두 전제로부터 정확하고 모순 없는 결론을 얻을 수 없는지 알아보도록 하자.

(i) 내 신체는 순수한 기계로서 자연의 법칙에 따라 기능을 나타낸다.
(ii) 그렇지만 나는 논쟁의 여지가 없이 명백하고 직접적인 경험을 통해 효과를 예상할 수 있는 운동을 수행하고 있다는 사실을 안다. 그 효과는 운명적일지도 또 매우 중요한 것일지도 모르며 그럴 경우에 나 자신이 그 효과에 대해 전적으로 책임을 느끼고 또 가져야 한다.

내가 생각하기에 이러한 두 가지 사실로부터 가능한 추론은 나는 자연의 법칙에 따라 '원자들의 운동'을 조절하는 사람이라는 것

에필로그

이다. 여기에서 '나'는 가장 넓은 뜻으로의 나, 즉 '나'에 대해 스스로 이야기했거나 느꼈던 모든 의식의 주체로서의 나이다.

다른 사람들에게는 한때 더 넓은 의미가 있었고 또는 여전히 의미가 깊은 어떤 생각이 제한을 받고 유별난 것으로 생각되는 문화적 환경에서, 그것이 필요하다는 말투로 이러한 결론에 이르는 것은 과감한 행위이다. 기독교적 표현으로 '고로 내가 전능하신 하나님이다'라고 말하는 것은 신에 대한 불경이고 미친 짓이다. 그러나 당분간 이러한 함축은 무시하고 위의 추론이 생물학자가 단번에 신과 영생불멸을 증명하기 위해 도달할 수 있는 가장 가까운 것이 아닌지를 고려하도록 하자.

통찰력은 그 자체가 새로운 것은 아니다. 내가 아는 한에서도 가장 초기의 기록은 2,500년 이상 거슬러 올라간다. 인도 사상에서는 초기의 위대한 우파니샤드로부터 '아트만=브라만'이라는 인식, 즉 개인 자아는 만능의, 세상 모든 것을 포용하는 영원한 자아와 같다는 인식은 결코 불경스러운 것이 아니고 세상 사물에 대한 가장 깊은 통찰력의 진수를 나타내는 것이라고 여겨졌다. 베단타의 모든 학자들은 이러한 사상을 입으로 발음하는 것을 배운 뒤에는 실제로 이 위대한 지혜를 자기 마음 속에 동화시키려고 노력하였다.

그리고 몇 세기 동안 신비주의자들은 각자 독립적으로 그러나 이상 기체 속의 입자들처럼 서로 완전히 조화를 이루면서 각각 자기 인생의 독특한 경험을 다음과 같이 간결하게 서술하였다. "나는 신이 되었다."

이러한 사상을 가지고 있던 쇼펜하우어 등의 철학자만이 아니라 서로의 눈을 들여다볼 때 생각과 느낌이 문자 그대로 하나가—그저 비슷하고 같은 종류의 것이 아니라—되는 것을 실감하는 진정한 연인들이 존재해왔음에도 불구하고 이러한 사상은 서양 관념론에서는 이방인으로 머물러 있었다. 사랑에 빠진 사람들은 대개 감정적으로 너무 심취되어 또렷한 사고에 사로잡히지 않기 마련인데 이런 점에서 그들은 신비주의자와 매우 비슷하다.

여기에 대해 몇 마디 더 언급을 하도록 하자. 의식은 결코 다중적으로 경험되는 것이 아니다. 그것은 오로지 한 가지로만 경험된다. 두 사람(인격)이 교체되어 나타나는 분리의식이나 이중인격과 같은 병적인 상태에 있어서도 두 가지가 결코 동시에 나타나지는 않는다. 꿈을 꾸는 동안에 우리는 동시에 여러 사람의 역할을 맡게 되지만 무차별로 그러는 것은 아니다. 우리는 그 여러 사람 가운데 하나일 뿐이다. 우리는 꿈에 나오는 여러 인물 중의 한 사람이 되어 직접 행동하고 말하는데 그 사람의 움직임과 말하는 것을 관장하는 것은 바로 우리라는 사실을 느끼지 못하는 채 흔히 또 다른 사람의 대답이나 반응을 열성적으로 기다리고 있는 것이다.

우파니샤드 작가들이 그토록 단호하게 반대하던 복수(複數)의

에필로그

개념은 도대체 어떻게 생겨나는가? 의식은 그 스스로가, 한정된 공간을 차지하는 물질의 구체적 상태, 즉 신체와 긴밀하게 연결되어 있으며 또 그것에 의존해 있다는 사실을 알아차린다(사춘기, 노화, 망령 등 신체의 발달과 성숙에 따른 정신의 변화를 생각해보라. 또는 발열, 중독, 마취, 뇌병변 등이 정신상태에 미치는 효과에 대해 고려해보라). 자, 이렇게 되면 한 사람에서도 비슷한 신체가 여러 개 존재하는 셈이 된다. 이에 따라 의식 또는 정신도 여러 개가 있을 수 있다는 가설은 매우 그럴 듯해보인다. 서양철학자의 대부분은 물론이고 아마도 단순하고 평범한 사람이면 누구나 이러한 생각을 받아들여왔을 것이다.

그러한 사상에 따라 신체의 수만큼 영혼도 많다는 생각이 생겼고, 그 영혼들이 신체처럼 사멸할 운명인지 아니면 영생불멸하며 스스로 존재할 수 있는 것인지 하는 질문이 즉시 던져졌다. 그러나 앞의 생각은 마음에 들지 않고 반면에 뒤의 것은 솔직히 말해 '복수가설'의 근거가 되는 사실들을 잊어버리고 무시하고 또는 부정하고 있다. 그에 따라 훨씬 더 어리석은 질문이 생겨났다. 동물에게도 영혼이 있는가? 여성 또는 남자만이 영혼을 갖는 것은 아닌가 하는 질문마저도 생겨났다.

그것이 비록 잠정적인 것일지라도 그러한 결과들은 서양의 모든 공식적인 종교 교의에 공통적인 복수가설에 대해 의심을 품게 한다. 우리가 계속해서 영혼의 복수성에 대한 소박한 생각을 고집한다면 터무니없는 짓이 되지 않을지? 영혼도 썩어서 각각의 신체와 더불어 소멸하는 것이라고 선언함으로써 그러한 미신적 생각을 고쳐야 하는 것은 아닐까?

여기에서 가능한 대안은 그저 의식은 한 가지로 경험되며 그것의 복수형에 대해서는 알려져 있지 않다는 직접적인 경험을 견지하는 것뿐이다. 다시 말해 오직 한 가지만이 있을 뿐, 여러가지가 있는 것처럼 보이는 것은 속임수(인도 말로 '마자')에 의해 생기는 한 가지 사물의 여러 다른 측면일 따름이라는 것이다. 그와 같은 착각은 거울이 많은 전시장에서 경험할 수 있다. 가우리산카르와 에베레스트 산이 다른 골짜기에서 보이는 같은 봉우리인 것도 마찬가지이다.

물론 우리가 그러한 단순한 인식을 받아들이는 것을 방해하는, 우리 마음 깊숙이 박혀 있는 정교한 유령 이야기들이 있다. 예를 들어 내 집 창문 밖에 나무가 한 그루 있지만 내가 그것을 보지 않는다는 말을 들었다고 하자. 초기의 비교적 간단한 단계들만 밝혀진 어떤 교묘한 장치에 의해, 실제로 거기에 있는 나무는 자기형상을 내 의식에 던져 넣으며 그것이 바로 내가 지각하는 것이 된다. 여러분이 내 곁에 서서 같은 나무를 본다면 나무는 당신 영혼에도 자기형상을 던져 넣으려고 할 것이다. 나는 내 나무를 보고

에필로그

여러분은 여러분의 나무(현저하게 내 것과 닮은)를 본다. 그리고 나무 자체가 어떤 것인지는 우리로서는 알 수 없다. 이러한 터무니없는 생각에 대해서는 칸트의 책임이 크다. 의식을 단일한 것으로 간주하는 사상에 대신해서 칸트류의 생각은 분명히 '한 그루' 나무만 있고 그 다음 이미지 형성에 관한 모든 작업은 유령 이야기라는 식의 설명으로 편리하게 대치하려는 것이다.

그렇지만 우리 각자는, 자기 자신에 독특한 모든 경험과 기억을 통해 개성적인 그 무엇, 다른 누구와도 구별되는 그 무엇을 이루고 있다는 명확한 생각을 가지고 있다. 우리 각자는 그것을 '나'라고 부른다. "그러면 대체 이 '나'는 무엇인가?"

그것을 세밀하게 분석하면, 내가 생각하기에, 여러분은 그것이 경험과 기억이라는 개개 자료의 모임, 다시 말해 그러한 자료들을 모아 놓은 캔버스일 뿐이라는 사실을 알게 될 것이다. 그리고 여러분은 철저히 자기성찰을 함으로써 '나'의 진정한 뜻은 여러가지 새로운 자료들이 쌓이는 바탕재료라는 점을 알게 될 것이다. 여러분은 먼 곳으로 이사를 가서 그동안 사귀던 친구들 모두를 못 보게 되고 거의 잊게 될지도 모른다. 그곳에서 여러분은 새로운 친구들을 사귀게 되고 옛날 친구들과 그랬던 것처럼 그들과 더불어 진지하게 살아갈 것이다. 새로운 삶을 사는 동안, 옛날을 회상하는 것의 의미는 점점 퇴색해갈 것이다. 여러분은 남의 일처럼 '지나간 내 청춘'에 대해 이야기하게 될 것이며, 요사이 읽고 있는 소설의 주인공이 아마도 여러분 가슴에 더 가까이 있어서 확실히 더 강렬하게 살아 있고 여러분에게 더 익숙해져 있을 것이다. 그렇지만 인생에는 단절이 없다. 삶 속의 죽음이란 없는 것이다. 숙련된 최면술사가 여러분의 어렸을 때와 젊은 시절의 기억을 모두 완전히 밝혀내는 데 성공한다고 하더라도, 여러분은 그가 '여러분'을 죽인 것을 알지 못할 것이다. 어떤 경우에도 애도해야 할 개인적 존재의 소실은 없다. 언제까지나 없을 것이다.

에필로그에 대해 덧붙이는 말

여기에서 취한 관점은 헉슬리가 최근에 매우 적절하게 '영원의 철학'이라고 불렀던 것과 비슷하다. 헉슬리의 근사한 책(런던, 샤토 와 윈더스사, 1946년)은 사물의 상태뿐만 아니라 또한 그것이 왜 그렇게 이해하기 힘들고, 그렇게 쉽게 반대에 부딪치는지를 설명하는 데 매우 적절하다.

부록

슈뢰딩거의 문제점

생명이란 무엇인가?*

▲ **그림*** 1962년 노벨 의학생리학상을 공동수상한 제임스 왓슨(왼쪽)과 프란시스 크릭(오른쪽)이 자신들이 1952~53년에 만든 DNA모형을 보고 있다.

■ □ ■

생물학자, 생물물리학자, 분자생물학자 그리고 아마도 생화학자들의 대부분은 유기체에서 일어나는 여러가지 사건들을 알려져 있는 물리・화학법칙들로 결국에는 설명할 수 있으리라고 믿는다고 말해도 좋을 것이다. 이 경우에 이들 과학자의 대다수는 환원론자가 되고, 또 그 가운데 많은 사람은 이 환원론을 살아 있는 시스템을 서술하는 이외에 생명체가 어떻게 발생하게 되었는가에 대해서도 적용하려 할 것이다. 이들에게 살아 있는 유기체에서 볼 수 있는 구조는 원리상으로 역사적 과정일 수 있다. 이들은 유전으로 이 역사적 과정이 축적되고 자연선택으로 이 과정은 적응력을 갖고, 계층적이며 열역학적으로 가능성이 더 적은 상태가 된다고 믿는다.

* 이 논문은 ≪생물학사학회지(Journal of the History of Biology)≫ 4권 1호 (1971년 봄호, 119-148쪽)에 실린 로버트 올비(영국 리즈 대학교 철학과)의 논문으로, 독자들이 슈뢰딩거가 논의한 내용의 의미와 의의를 이해하는 데에 도움이 될 것으로 생각하여 부록으로 수록하였다. 그리고 이 논문에 원저자가 인용한 글의 출처는 일반독자에게 별로 필요 없을 것으로 판단하여 생략하였다 - 역주.

우리는 이들을 '생리학적 환원론자'라고 부름은 물론이고 '진화론적 환원론자'라고 서술해도 될지 모르겠다.

이들 환원론자는 또한 유기체가 원리적으로 기계에 비유되어 설명될 수 있으리라고 기대할 것이다. 그들은 기계론적 설명을 믿는다. 유기체가 할 수 있는 일은 원리적으로 기계도 할 수 있어야 한다. 기계론자가 아니고서는 환원론자가 되기는 어렵다. 그러나 기계와 유기체내에서 물리와 화학 법칙이 작용하지만 그 구조는 환원될 수 없다고 믿는다면 환원론자는 아니면서 기계론자가 될 수 있다. 슈뢰딩거는 주로 환원론에 관심을 가지고 있기 때문에 나는 필요한 곳 어디에서나 이 용어를 고수할 것이다. 위그너, 폴라니, 엘사서 그리고 쾨스틀러에서 볼 수 있는 반환원론적 관점을 알게 되면, 여러분은 생명을 과학적으로 적절히 서술하기 위해 환원론적 접근방법을 사용할 경우 극복할 수 없는 몇가지 장애물이 있다는 것을 느끼게 되리라. 우리들 가운데 적은 수의 사람만이 생명이란 것에서 신비를 없애려고 한다. 반면 대다수는 왜 신비가 유지되기를 원하는지를 인정할 것이다. 그것은 우리가 신비를 사랑하기 때문이다. 그 결과 우리는 자신의 태도에 대한 철학적·낭만적 근거와 과학적 근거를 구별하려고 괴로워해야 할 것이다. 자주 공격받는 환원론자의 태도는 자존심 있는 생물학자가 오늘날 취하고자 하는 태도는 아니다. 그리고 더 방해하는 것은 프란시스 크릭이 동

부록

시대 생기론자(生氣論者)들을 비평하면서 지적하였던 바와 같이, 분자생물학 이론에 반대되는 증거들 가운데 어떤 것은 훨씬 전부터 그 이론 자체에서 발견할 수 있었다. 결국 속아서 생명의 특성에 대한 새로운 사고와 연구방법을 흘끗 보지도 못하게 되었다고 느끼게 되고, "전체는 부분의 합보다 위대하다"와 같은 설명들이 어느 정도 타당한지 검토되지도 않은 채 교리적 방식으로 널리 퍼지는 것에 화가 나게 된다. 이것은 반환원론자가 개종자에게 설교할 때 생기는 일이다.

과학사를 연구하는 사람에게 1950년에서 1970년에 이르는 시기는 아주 흥미로운 대상일 것이다. 이 시기는 환원론적 접근방법이 외형상으로 자신만만하고 지성적 독재를 하고 있는 것에 대항하는 새로운 실례를 제공하였다. 이 반항을 가장 강력하게 지지한 사람들은 물리학자들이었다. 그렇게 된 이유는 두 가지라고 생각된다. 첫째, 물리학자들은 진화이론과 적자생존이론이 물리법칙과 자연법칙에 대한 물리학자의 개념이나 견해와는 완전히 다르다는 사실을 알게 되었다.

그에 따라 1949년 델브뤽은 다음과 같이 말하였다.

> 물리학자에게 이 진화라는 것은 이상한 이론이다. …… 모든 생물학적 현상은 근본적으로 역사적 현상이며, 전체적이고 복잡한 생명내에서 일어나는 특이한 상태이다. …… 살아 있는 모든 세포는 자기 조상들이

행해온 10억 년의 경험들을 간직하고 있다. 여러분은 영리한 늙은 새를 몇 마디 말로 간단히 설명할 수 있을 것이라고 기대해서는 안 된다.

진화는 역사에 대한 설명이지, 짧은 동안의 실험에 의해 검증될 수 있는 것과 같은 어떤 순간에 존재하는 생물학적 시스템을 서술하는 것이 아니다. 둘째로 오늘날(1970년대)의 많은 물리학자는 물리학 이론의 근본적인 수정이라는 지성적 흥분을 경험하였다. 이 수정은 처음에는 신기한 흑체복사 실례로부터 시작되었고, 이후 계속성이라는 전통에 금이 가기 시작하여 결국에는 파동과 입자에 의해 전자기파를 설명하는 상보성원리를 이끌어내었다. 보어, 스텐트, 델브뤽 모두는 생물학도 근본적인 역설이나 이중성을 나타내주기를 희망하였다. 유기체들을 연구하면 '물리학의 다른 법칙들'이 생길 것이라고 기대했다.

동시에 한 수준에서 연구하고 있는 과학자가 다른 수준에서 앞으로 일어날 발달과정을 예측하는 것에는 분명한 위험이 있다. 브러쉬는 다음 사실을 상기시켰다.

한 과학자가 다른 과학자 또는 보통 사람이 가장 최근의 과학적 결론을 받아들이기 위해 자기 자신의 개념을 포기하는 것을 꺼려하는 태도에 대해 비평하려고 할 때는 언제나 톰슨의 이야기와 지구의 나이를 기억해야 한다. 확실히 우리가 학생들에게 과학연구를 위해서는 자유가 필요하

부록

다는 것을 보여주기 위해 갈릴레오와 카톨릭교회 사이에 있었던 싸움에 대해 이야기해주려고 한다면, 한 과학자가 자기 이론의 광범위한 응용가능성을 너무 맹신하였을 때 어떤 일이 일어날 수 있는지도 그들에게 알려주어야 한다.

분명하게 하기 위해 우리는 이 물리학자들을 신생기론자라고 명명하지 않을 것이다. 그들을 반환원론자라고 부르는 것이 더 좋을 것이다.

그들은 우리가 지금 알고 있는 바와 같이 생명이 순전히 화학과 물리법칙에 의해 설명될 수 있다고는 믿지 않는다. 다른 법칙들이 있을 것이다. 즉 살아 있는 시스템에 특유한 계층적인 법칙들이 있을 것이라고 생각하는 것이다. 양자역학 이론에서 유도된 분자상호간의 알려진 힘들과 분자내의 힘들로는 충분하지 않을 것이다. 1940년대와 50년대에는 신비로운 장거리 힘들이 논의되었다. 오늘날에는 시스템과 정보이론에 관심이 모아지고 있다. 이 이론에서 엘사서의 바이오토닉 법칙은 한 시스템의 정보량이 시간이 지남에 따라 증가한다는 것을 나타내주고 있다. 우리는 이 논문의 끝에서 이러한 개념에 대해 다시 알아볼 것이다. 우리의 당면한 관심은 다음과 같은 질문이다. "세포의 생명에 대해 슈뢰딩거를 어리둥절하게 만든 것은 무엇이고, 어떤 종류의 과학적인 신기함이 나타나리라고 그는 기대하였을까?"

에르빈 슈뢰딩거

슈뢰딩거에 대해서는 일종의 신비로움이 있었던 것 같다. 그는 관습에 얽매이지 않으며 기묘한 특성이 많은 오스트리아 태생의 물리학자였다.

"솔베이 학회에 갔을 때, 슈뢰딩거는 배낭에 자기 짐을 몽땅 넣어 등에 메고서는 역에서부터 참석자들이 묵기로 되어 있는 호텔까지 걸어갔다. 겉으로 보기에 부랑자 같아서 접수처에서 한참 실랑이를 벌이고나서야 자기 방에 들어갈 수 있었다"라고 디락은 말한다. 월튼은 그를 조용하고 겸손한 사람이라고 평하였다. "그에게는 꾸밈이라고는 전혀 없었다. 그의 복장은 바로 자신이 생각하기에 가장 편한 것이면 족했다. 그는 변변찮은 자전거를 타고 다녔다. 슈뢰딩거에게 관심 있는 것은 자기 할아버지로부터 물려받았으며, 한 세기 동안 $300°K$에서 유지된 한 개의 유전자에 의해 생긴 자기 자신의 코였다."

보어에게 있어서 그는 특별히 관심의 대상이었다. 그는 짐짓 진지한 체하며 보어가 설명하는 물리적 상보성에 반대의견을 제시하였으며, 반대의견을 물리치려는 덴마크 사람(보어)의 모든 진지한 공격을 기술적인 궤변으로 피해나갔다.

그의 책 『생명이란 무엇인가?』가 출판되고 몇 해 뒤 슈뢰딩거는 맨체스터 대학에 있는 생물학자들로부터 강연하러 와달라는 초대를 받았다. 그는 보어에게 했던 방식 그대로 맨체스터 생물학자들에게 행동하였다. 그는 주제에 대한 그의 개념에 더 깊이 들어가려는 모든 시도를 기술적으로 얼버무렸다.

1943년에 더블린에서 한 일련의 강연에 기초하였고, 1944년에 영어판이 출판되었던 이 책, 나중에 독일어, 불어, 러시아어, 에스파니아어, 일본어로 번역된 이 책에서 우리는 무엇을 찾아내려고 하는가? 우리가 이 책을 생물학자의 관점에서 본다면 그리고 비역사적인 방법으로 본다면, 우리는 한 물리학자가 양자역학으로부터 화학적 그리고 생물학적 사실들의 진부한 문구까지의 우회적인 길을 혼란스럽게 하고 있을 뿐이라는 점만 알게 된다. 거의 두 세기 동안 정확한 방법으로 얻은 실험적 자료들을 통해 우리는 여러가지 화합물이 존재하며 그 각각의 안정성이 매우 다양하다는 사실을 안다. 달튼 시대부터 불연속성은 화학의 한 가지 특성이었다. 생물학에서의 불연속성은 보다 복잡한 과거를 갖지만 1944년 무렵 유전학자와 분류학자들의 연구 덕택으로 불연속성의 위치가 확립되었다. 20세기는 물론이고 19세기에서도 화학에 나타나는 이러한 불연속성들의 안정성은 생물학적 시스템에서 발견된 같은 특성들과 연관되어 있었다. 그러므로 우리는 요세프 슈뢰딩거의 코 모양이 손자(에르빈 슈뢰딩거)에게 유전에 의해 전달될 때 변하지 않는다고 해서 놀라지는 않는다.

　우리가 지금까지 살아오면서 알고 있는 바와 같이 우리 신체는 안정된 조직을 가지고 있고, 이 구조를 유지하기 위해 자유에너지의 공급이 필요하다. 우리들 가운데 어느 누구도 이 자명한 사실을 증명하기 위해 영원히 단식하려고 시도해보지 않을 것이며, 또한 물리학자들이 이야기하는 바와 같이 절대온도 영도에서 우리 몸의 구조를 유지하기 위해 자유에너지가 필요 없다고 하더라도 절대온도 영도에서 단식하려고 마음먹는 사람도 없을 것이다.

　반세기 동안 우리는 유전현상은 염색체에 의존한다고 확신해왔고, 단지 어떻게 일어날 수 있는지에 대해 추측만 무성했지만 이러한 염색체가 복제될 수 있다는 것은 상식이 되었다. 결정이 커지는 과정 또는 효소작용과 비슷할까? 우리는 구체적인 진실은 알지 못하지만 물리화학이 결국에는 설명해 줄 것이라는 관점을 가지고 있었다. 우리는 또한 다음과 같은 사실도 믿었다. 자연선택에 의해 분자구조가 어떤 상태에 도달하였고 이 상태에서는 복제가 정확해서 유기체가 항상성(恒常性)을 정교하게 유지하는 데 적절하다. 그러면 슈뢰딩거가 『생명이란 무엇인가?』를 쓴 이유는 무엇일까?

　지금까지 이야기해오면서 나는 생물학자들의 비역사적인 접근 방법—1940년대에는 분명히 이러한 것이 진보적인 방법이라고 여겨졌다—을 채택하는 잘못을 범했다. 그리고 슈뢰딩거는 생물학자는 아니었다. 사실 그의 아버지는 대대로 내려온 린넨 공장을 감독하면서 짬짬이 시간을 내어서 식물학을 공부하여 식물의 계통발생에 대한 논문을 썼다. 슈뢰딩거의 어머니는 비엔나 대학의 화학교수인 바우어의 딸이었다. 그러므로 우리는 슈뢰딩거가 가정 내에서 화학과 식물학에 접할 수 있었다고 믿을지도 모른다. 그러나 그러한 과정을 통해 지금 내가 기술했던 태도를 그가 가지게 되었다고는 생각되지 않는다. 자연에 대한 과학적 지식을 꿈꾸었기 때문에 식물학에 대한 포괄적인 그의 관심이 생겨난 것으로 생각된다. 정신과 물질, 자유의지 그리고 영혼의 본질에 대해 쓰고 싶었던 사람이 생명의 본질에 대해 쓰지 않고 그냥 놔두지는 않을 것이다.

  슈뢰딩거는 나중에 다음과 같이 고백하였다. 자신이 하젠뇔의 뒤를 이어 체르노비치의 이론물리학과 과장 자리에 앉게 되면 일반적인 철학적 문제를 다루어 보려고 하였지만, 1938년 오스트리아가 독일에 합병되어 이 계획은 무산되었고, 아일랜드 수상이 더블린에 세운 고등학술연구소를 맡아달라고 드 발레라가 초청을 해서야 비로소 평화와 여가를 얻어 이러한 문제들에 접근할 수 있게 되었다고 1943년 그곳에서 슈뢰딩거는 "살아 있는 유기체(생명체)라는 공간적 울타리 안에서 일어나는 '시공간상의' 사건들을 과연 물리학과 화학으로 설명할 수 있을까?"라는 주제로 400명 정도의 청중에게 일련의 강연을 하였다. 그리고 그는 처음에 다음과 같이 미리 청중들에게 자기의 일반적인 결론을 알려주었다. "현재의 물리학이나 화학이 그러한 생물학적 사건들을 분명히 설명할 수 없다고 해서 앞으로 이들 과학이 그 문제들을 해명할 것이라는 사실을 결코 의심할 수 없다는 점이다." 이들 강연에서 물리학자로서 자기의 법칙들이 어떻게 생체세포에서 진행되는 사건들과 관련되는지를 묻기 위해 내가 서술했던 생물학과 화학의 자명한 가정을 교묘하게 제시했다. 공정하게 하기 위해 슈뢰딩거 자신의 말을 인용하여 그의 접근방법에 대해 알아보도록 하자.

    우선 나는 여러분이 '유기체에 대한 물리학자의 소박한 개념'이라고 부를지도 모르는 것부터 말하려고 한다. 즉 물리학 특히 그것의 통계론적 토대를 공부한 뒤 유기체에 대해 그리고 유기체가 행동하고 기능을 수행하는 방식에 대해 숙고하여 자신이 공부한 것, 즉 단순하고 명백하며 그리고 변변치 않은 자기의 과학적 관점이 그 문제 해명에 어떤 적절한 기여를 할 수 있을 것인지를 성실하게 자문해보는 물리학자에게 떠오르는 유기체에 대한 개념을 언급할 것이다.
    결국 물리학자는 해낼 수 있다는 결론에 도달할 것이다. 그 다음 단계는 물리학자의 그러한 이론적 예상과 구체적인 생물학적 사실들을 비교하는 것이리라. 그리고 그의 개념이 전체적으로는 아주 이치에 맞지만 그러면서도 상당히 수정해야 할 것이라는 생각이 떠오르게 될 것이다. 이런 방식으로 우리는 올바른 관점에 점점 접근하게 될 것으로 나는 생각한다.
    이 점에서 내가 옳다고 해도 나의 접근방식이 문제해결에 진정으로 가장 훌륭하고 간단한 것인지는 나 자신도 알 수 없다. 그러나 그것은 내가 취한 방식이었고 '소박한 물리학자'도 나 자신이었다. 그리고 그러한 문제를 해결하는 데 있어서 나 자신의 편견이 가미된 방식보다 더 좋고 명확한 것을 찾아낼 수 없었다.

그런 다음 슈뢰딩거는 자기 논의의 본질이 정도를 벗어난 것을 인정했지만 그러면서도 그는 분명하게 그것을 필요악으로 간주하였다. 그가 던졌던 질문은 다음의 네 가지 주제로 요약할 수 있다.

1. 유기체는 스스로의 구조를 파괴하려는 경향에 대해 어떻게 저항하는가?
2. 유기체의 유전물질은 어떻게 불변인 채로 유지되는가?
3. 이 유전물질은 어떻게 그리도 충실하게 그 자체를 재생산해 낼 수 있을까?
4. 의식과 자유의지의 본질은 무엇인가?

이러한 방식을 통해 생물학에서의 환원론 문제가 더욱 다루기 쉽게 되었다는 것을 나는 인정한다. 여기에서 네번째 문제에 대해서는 토의하지 않겠다. 우선 첫번째 문제를 다루고 그 다음으로 두번째와 세번째 문제에 집중할 것이다. 첫번째 문제는 다음과 같이 바꿔 말할 수 있다.

열역학 제2법칙이 말하는 것은, 우주의 질서는 무질서로 가는 경향이 있으며 구조를 이루거나 복잡한 상태로 있을 가능성은 적고, 무작위하거나 간단한 상태로 될 가능성은 많다는 사실이다. 『시간의 화살과 진화』라는 책의 최근 판에서 저자 블룸은 질서라는 용어를 다음과 같이 정의하고 있다. "우리가 주어진 어떤 공간 내에 여러가지 방법으로 분포될 수 있는 수많은 사물에 대해 생각해 볼 때, 이들 사물이 차지할 공간이 좁을수록 시스템은 더 질서가 있을 것이며 반대로 공간이 넓을수록 시스템은 더 무질서해질 것이라고 말할 수 있겠다." 그러므로 탄산가스로 있을 가능성은 탄소와 산소로 있을 가능성보다 적으며, 단백질-지질 막의 존재는 두 물질이 무질서하게 혼합물의 상태로 있는 것보다 가능성이 적다.

단 이때 이 시스템은 에너지 교환이 일어날 수 있는 다른 시스템들로부터 격리되어 있어야 한다. 그러면 이것이 자연의 규칙, 즉 엔트로피 원리라고 할 때 유기체는 어떻게 그것에 저항하는 것일까? 1852년 톰슨(켈빈 경)은 열역학 제2법칙을 단순히 비활성물질(무생물)에만 국한시킴으로써 이 문제에 대한 대답을 피하였다. 그는 다음과 같이 말했다. "무생물체가 그것의 어느 한부분을 주위의 어떤 것보다도 차갑도록 온도를 낮춤으로써 거기에서 기계적 효과를 얻는다는 것은 불가능하다." 헬름홀쯔는 이러한 제한을 산 것과 죽은 것을 구별하는 근거로 발전시켰다. 여기에서 중요한 원리는

부록

맥스웰의 도깨비와 같은 것으로, 과정들을 열역학적으로 가능성이 더 적은 방향으로 진행시킨다는 것이다. 스위스 태생의 물리학자인 가이에는 『물리화학적 진화』라는 저서에서 다음과 같이 언급했다. "이것은 분명히 대담하고 근거 없는 가설이지만 불가사의한 여러가지 생명의 신비를 대할 때 상기할 만한 가설이다." 이 언급에 대한 주해에서 가이에는 적절하게도 다음과 같이 지적하였다. 유기체는 "홀로 격리(폐쇄)된 시스템을 구성하지 않는다." 그러나 이 수수께끼에 대해 가장 훌륭하게 대답하기 위해 우리는 1928년에 발표된 돈난의 「생명의 신비」라는 명료한 논문에 의존하려 한다. 아래의 인용문에서 돈난은 비(非)평형이 물리학적으로 불가능하다는 것을 말하고 있다. 즉 저절로 평형상태로부터 비평형상태로 갈 수는 없다는 것이다. 마치 뜨거운 물을 담고 있는 물탱크가 스스로 차가워지면서 그때 방출되는 에너지를 이용하여 속도조절바퀴를 돌릴 수 없는 것과 같다.

통계학적 평형, 즉 같은 포텐셜에 있는 비동위(非同位)에너지는 자발적으로 동위에너지로 전환되지 않는다. 이제 만약 식물이나 동물이 이 규칙에서 예외라고 판명된다면 그것은 대단히 중요한 발견이 될 것이다. 그러나 지금까지 알려진 바로는 생물학과 생리학의 여러가지 사실이 살아 있는 물체도 무생물체와 같이 열역학 제2법칙을 따른다는 것을 보여주고 있다. 완전히 물리화학적 평형을 이룬 환경에서는 생물체가 살아서 행동할 수 없다. 생명과 활동의 유일한 근원은 환경의 비평형, 즉 자유에너지 또는 이용가능한 에너지이다. 음식과 산소가 비평형 상태에 있기 때문에 동물이 살아서 활동하는 것과 같이, 석탄과 산소가 비평형 상태에 있기 때문에 기관도 움직이고 일을 한다. 영국의 생리학자 베일리스가 매우 훌륭하게 언급한 바와 같이 '평형은 곧 죽음'이다. 이 혹성에서 생명과 활동의 주요한 공급원이 무엇일까에 대한 해답은 지구의 차가운 표면이 고온의 빛에 계속 싸여 있다는 사실로부터 얻게 된다.

만약 지각의 평균온도와 열적 평형을 이룬 상태에서 복사에너지가 유일한 에너지원이라면 우리가 아는 모든 생명은 죽을 것이다. 왜냐하면 그때가 되면 녹색식물의 엽록체가 탄소를 동화하여 설탕과 녹말로 전환시키는 작용을 그만둘 것이기 때문이다. 녹색식물의 광화학동화는 생명의 경제에서 가장 중요한 사실이다. 녹말과 산소는 자연적으로 서로 반응하여 탄산과 물을 만드는 경향이 있기 때문에, 탄산과 물이 녹말과 산소로 전환되는 것은 자유에너지가 증가함을 뜻한다.

만약 그만큼의 에너지 감소가 없다면 자유에너지의 증가는 불가능할 것이다. 그러나 포텐셜의 이러한 감소는 태양표면과 지구표면 사이의 온도 차이, 즉 약 5천 내지 6천 도의 온도 차이에 의해 생긴다. 모든 생명체는 어떤 형태이든 환경에 있는 비평형에너지 또는 자유에너지를 이용하여 살아가고 행동한다. 살아 있는 세포는 에너지변환기로 작용해서 환경의 어떤 자유에너지를 더 낮은 준위의 포텐셜로 낮추면서 동시에 어떤 것은 더 높은 준위의 포텐셜을 갖도록 도와준다.

이렇게 되면 유기체의 기능과 열역학 제2법칙에 관한 한 문제가 없다. 저자들이 유기체를 개방된 시스템으로 보는 대신에 폐쇄된

부록

시스템으로 잘못 간주하기 때문에 혼란이 발생할 뿐이다. 1963년 메다워는 '허버트 스펜서 기념강연'에서, 1969년 쾨스틀러는 '환원론을 넘어서'라는 심포지엄에서 이 함정에 빠지는 듯한 인상을 주었다. 나는 또한 유기체들의 진화가 제2법칙의 작용과 모순된다고 생각하지 않는다. 계통발생의 역사는 유기체 당 포텐셜 에너지의 준위가 증가하는 역사이다. 그러나 이러한 현상은 물론 환경의 도움을 받아서나 가능하다. 엔트로피 '청구서'는 완전히 지불했다. 많은 물리학자가 매우 이상하다고 여기는 사실은 한 세대에서 다음 세대로 세대가 진행되면서 유기체들은 '거꾸로 되돌아가지' 않는다는 점이다. 적자생존을 통해 선택된 생물학적 시스템의 부가적 구조물들이 유지되는 것은 유전물질의 항상성이 야생유형의 유전자는 물론이고 돌연변이체들에게도 적용된다는 사실이다. 그러므로 진화는 축적되는 과정이며 역사적인 과정이다. 엘사서는 이것을 '바이오토닉' 법칙이라 불렀다(이것은 최근에 '유기체적'이라고 재명명되었다). 그러나 진화에 관한 법칙은 확실히 없는가? 진화의 방향에는 어떠한 필연성도 없다. 열역학적으로 말해서 진화의 방향은 중립일 수도 양(陽)일 수도 음(陰)일 수도 있다. 원소들이나 천문학체계들의 진화는 유기체들의 진화보다 더 현저한 과정이었다라고 설명함으로써 이 점을 이해하려는 것도 당연하다. 생화학적으로 말해서 유기체들의 진화는 보수성을 뚜렷이 보여준다는 사실이 흔히 간과된다. 바이스는 최근에 그 점에 대해 다음과 같이 언급했다. "새롭게 나타난 진기로움과 점진적인 개선이 다시 섞이고, 나뉘고 또 재결합한다. 그렇다. 그러나 우선 상당히 많은, 그러나 최소한의 의미를 지니는 중요한 기구들을 가지고 시작해야 했다. 왜냐하면 가장 간단한 아메바와 가장 고등한 다세포동물 사이에는 여전히 구별이 존재하기 때문이다. 그리고 이 사실은 플로킨과 볼드윈에 의해 강조되었지만 발표되지는 않았다."

1938년 이 문제가 해결을 요하는 긴급한 문제로 생각되어 이것을 토의하기 위해 국제학회가 파리의 콜레주 드 프랑스에서 열렸다. 이 문제가 도대체 해결될 수 있는 것인지에 대해 참석자들의 의견은 갈라졌다. 1946년 하바드에서 같은 주제에 대해 토의했을 때도 의견이 많이 갈렸다. IBM의 전기교육 이사인 브릴루인은 논문「생명, 열역학 그리고 사이버네틱스」에서 그 이유를 서술하고 슈뢰딩거의 관점과 위그너의 관점에 대해 토의하였다. 브릴루인 자신의 결론은 다음과 같았다. "물리적 엔트로피의 오래되고 고전적인 개념에 덧붙여서 약간은 대담한 새로운 확장과 더 넓은 일반화가 필요하며 그래야만 생명과 지성이라는 근본적인 문제들에 대해 비슷한 견해를 믿을 만하게 적용할 수 있다."

이러한 혼란의 역사를 돌이켜 볼 때 슈뢰딩거가 상황을 실제보다 더 과장했다는 것은 유감스럽다. 그러나 물리학적 시스템과 생물학적 시스템 사이의 차이점을 뚜렷이 부각시키기 위해 그가 의도적으로 과장했다는 것은 의심의 여지가 없다. 그러므로 그는 유기체가 먹고 있는 자유에너지에 대해 이야기하는 대신에 음의 엔트로피라는 용어를 사용하였다. 그러나 엄격히 말하면 이것은 용어상 하나의 모순이다. 엔트로피는 절대온도 영도 이상에서 양의 값을 갖는다. $0°K$에서는 영이다. 그리고 영도 이하로 내려가는 것은 불가능하다. 그럼 어떻게 음의 엔트로피가 존재할 수 있을까? 물론 슈뢰딩거가 말한 음의 엔트로피는 이것을 뜻하는 것은 아니다. 그러나 슈뢰딩거는 이 용어에 대해 책임이 있다. 이 용어는 이제 브릴루인이 썼던 'negentropy'[negative entropy(음의 엔트로피)의 준말]라는 고약한 단어로 바뀌었다.

첫번째 문제에 대한 우리의 토의를 요약하자면, 대답은 간단하다. 즉 유기체는 개방된 시스템이다. 이것에 대한 최근의 지식을 알고 싶은 사람은 작고한 힌쉘우드가 쓴 『물리화학의 구조』라는 방대한 책에서 가장 훌륭한 설명을 발견할 수 있을 것이다.

유전물질의 영속성

유전물질의 영속성에 대한 문제는 슈뢰딩거 책의 중심을 이루고 있다. 그는 '화학적 부호'를 고안해내서 방대한 양의 유전정보가 염색체처럼 작은 구조 안에 저장될 수 있다는 것을 보여주었다. 이

점은 생물학자에게 있어서 이 책의 가장 긍정적인 부분이다. 그는 이것으로부터 이 책을 쓰게 된 유일한 동기라고 고백했던 결론을 이끌어냈다.

즉 유전물질은 "지금까지 확립된 '물리법칙들'에서 벗어나지 않으면서 동시에 여태껏 알려지지 않은 '다른 물리법칙들'도 포함할 것 같다는 견해가 도출된다. 그러나 이러한 '다른 물리법칙들'은 제대로 밝혀지게 되면 전자, 즉 알려진 법칙들만큼 이 학문의 주요한 부분을 형성하게 될 것이다."

그가 어떤 유형의 법칙들을 마음에 두고 있었는지는 확실하지 않다. 나는 단지 슈뢰딩거가 마주치고 있던 문제를 제시하고 그가 추구한 해답으로 가는 방법과 어느 정도 해결했는지를 요약해보고자 한다.

델브뤽, 짐머 그리고 티모페프의 연구로부터 슈뢰딩거는, 유전자는 X선에 의해 변화할 수 있고 이러한 X선에 이른바 '민감한 영역'은 1,000개 가량의 원자에 해당할 것이라고 생각하였다(유전자 하나의 분자량은 대략 14,000이 될 것이다).

그가 지적했던 바와 같이 이제 물리법칙들은 무질서에 기초한 질서, 즉 무작위 운동을 하는 수많은 입자의 통계적 평균치에 의존한다. 그러한 법칙이 타당하기에는 원자 1,000개는 너무 적은 수이다. 슈뢰딩거가 3백 년 동안 전승된 그 유명한 비엔나 가계에 충실

부록

하게 재생되었던 '합스부르크 입술'에 대해 언급했을 때, 그것은 황당한 것처럼 보였다. 왜냐하면 3백 년 동안 유전자는 절대온도 영도보다 훨씬 높은 온도인 36.5℃에서 유지되어왔기 때문이다.

여러 세기 동안 열운동이라는 무질서한 경향에도 불구하고 유전자 구조가 변형되지 않은 채 온존해 있었다는 것을 어떻게 이해해야 할까? 19세기말에 살았던 물리학자라면 누구든지 자기가 설명할 수 있고 진정으로 이해하고 있던 자연법칙에만 의거한다면 이러한 질문에 대답하지 못한 채 어쩔 줄 몰라했을 것이다. 아마 그는 통계학적 조건에 대해 잠시 생각한 뒤에 대답했을 것이다(우리가 곧 보게 되다시피 그것은 올바른 것이다). 분자들만이 이들 물질구조를 이룰 수 있다. 그 당시 이미 화학은 원자들로 구성된 이러한 화합물의 존재에 대해, 그리고 그러한 구조의 안정성이 매우 높다는 사실에 대해 광범위한 지식을 얻고 있었다. 그러나 그러한 지식은 순전히 경험적인 것이었다. 즉 분자의 본질적 성질에 대해서는 이해하지 못했다. 분자를 어떤 특정한 모양으로 유지하는, 원자들 사이의 강력한 상호결합은 누구에게나 완전히 수수께끼였다. 조금 전에 언급했던 19세기 물리학자의 대답은 실제적으로 옳다. 그러나 수수께끼 같은 생물학적 안정성을 마찬가지로 수수께끼 같은 화학적 안정성까지 거슬러 올라가 설명하는 한 그 가치는 제한적이다. 겉모습으로 비슷한 두 가지 현상이 같은 원리에 근거하고 있다는 주장은 원리 자체가 확인되지 않는 한 항상 불확실한 것이다.

슈뢰딩거는 계속해서 1926~1927년에 하이틀러와 런던이 화학

결합에 적용한 양자역학이론이 어떻게 물리학자가 만족할 정도로 분자라고 부르는 원자들의 안정된 집합체를 정당화하고 설명하는지를 보여주었다. 분자를 구성하는 원자들은 에너지 우물에 존재하고, 원자들을 재배치하거나 유리시키기 위해서는 에너지를 공급해 주어야 한다. 단지 원자들을 가열시키기만 해도 충분할지 모르지만, 많은 분자들에 있어서 혈액의 온도(체온)만으로는 불충분하다.

슈뢰딩거는 1928년에 유전학자 모건이 다음과 같이 말했던 것 정도만 언급하고 있을 따름이다.

안정성이란 용어를 통해 우리는 단지 유전자가 분명한 양식으로 변한다는 것을 의미할지도 모른다. 또는 유기분자가 안정되어 있다는 의미로 유전자가 안정된다는 것을 뜻할지도 모른다. 현재로서는 이 의문이 해결될 가망성이란 거의 없다. 몇 해 전에 이 문제에 대해 작은 빛을 줄지도 모른다고 희망하여 나는 유전자 크기에 대한 계산을 시도해보았다. 그러나 현재로는 매우 정확한 측정값들이 부족하기 때문에 이 계산은 단지 추측에 불과할 뿐이다. 유전자의 크기는 큰 유기분자들의 크기와 비슷한 것처럼 보였다. 계산 결과에 그래도 중요성을 부여한다면 이 결과는 다음과 같은 의미를 주고 있다. 유전자는 그렇게 크지는 않아서 화학분자로 간주될 수 있을 정도지만 이것 이상으로 더 진전하는 것은 정당화되지 않는다. 유전자는 분자가 아니고 화합결합에 의해 함께 연결되지는 않는 단지 유기물질들의 집합체일지도 모른다.

버널과 애스트베리와는 달리 슈뢰딩거는 바이러스들과 염색체들이 거대한 핵단백질 분자들로 구성되어 있다는 사실을 중요시하지 않았다. 그가 유전자의 거대분자 특성을 납득시키려고 노력했다는 것을 고려해 볼 때 그러한 사실을 무시한 것은 확실히 이상하다. 그러나 그의 내적(정신적) 증거는 슈뢰딩거가 고의로 화학적 증거들을 회피하였다는 것을 시사해준다. 그가 거대분자라고 불렀던 것은 물리학자인 슈뢰딩거에게 있어서 궁극적으로 고체상태에 있는 다른 집합체들과 구별할 수 없는 것이었다. 그러므로 그에게 있어서 이 문제는 유전자에 있는 원자들이 열 교란에도 불구하고 고정된 순서로 함께 연결되어 있는 것으로 남아 있게 된다. 슈뢰딩거는 이미 제시된 해결책을 받아들이는 대신에 다른 해결책을 찾아내기 위해서 지금은 헛된 시도로 보이는 것을 계속해 나갔다. 그 결과 그는 다음 표를 제시한다.

분자 ＝ 고체 ＝ 결정
기체 ＝ 액체 ＝ 비결정

위의 표는 다음과 같은 관점을 도식적으로 나타내주고 있다. 원자들의 모든 안정된 배치는 결정상태에 한정되고, 고체에서 안정성을 이루는 것은 결정성이란 사실 때문이다. 모든 참된 고체는 결정이다. 그러므로 원자들로 안정된 배열을 이룬 모든 분자는 결정체로 존재해야 하는데, 그 이유는 액체와 기체에서는 결정성도 없고 각 분자들은 열교란의 영향을 받기 때문이다. 그러므로 유전자들이 영속적인 원자배열을 가지기 위해서는 고체 즉 결정이어야 한다. "왜 우리는 분자가 고체로, 즉 결정으로 간주되기를 바라는가?"라는 질문에 대해 그는 다음과 같이 말했다.

> 방금 그렇게 말한 이유는 한 분자를 형성하는 원자의 수가 적든 많든 진정한 고체, 즉 결정을 이루는 수많은 원자와 성질이 정확히 똑같은 힘들에 의해 결합되기 때문이다. 분자는 구조의 견고함이 결정과 똑같다. 우리가 유전자의 영속성을 설명하기 위해 의지하는 것이 바로 이 견고함이라는 사실을 기억하라!
> 물질구조에서 정말로 중요한 구분은 원자들이 이러한 '견고함을 주는' 하이틀러-런던 힘들에 의해 결합되어 있느냐 아니냐 하는 점이다. 고체와 분자는 모두 그러한 하이틀러-런던 힘들에 의해 결합되어 있다. 그러나 예를 들면 수은증기와 같이 개개 원자들이 제가끔인 기체에서는 그렇지가 않다. 다만 분자들의 집합인 기체에서는 그 분자들 속에 있는 원자들이 이러한 방식으로 결합되어 있다.

확실히 이것은 1944년이든 1970년이든 원자간의 힘들에 대한 지식에 비추어 볼 때 너무 단순한 편이다. 이온결합과 공유결합 사이에 중간구조들이 있는 것이 사실이지만 이 중간구조들이 두 개의 순수한 결합유형이 아주 다른 것이라는 점을 애매하게 하지는 않는다. 공유결합이 작용하는 분자들은 상태가 고체상에서 액체상으로 바뀔 때 동질성이 사라지지는 않는다. 그리고 염색체가 살아 있는 세포에서 고체상태에 있는지 아닌지를 묻는 것은 의미가 없다. 염색체가 결정상태에 있다고는 거의 말하기 어렵다! 물론 모든 원자 상호간의 친화력을 같은 것으로 간주하는, 슈뢰딩거의 파동방정식으로 모두 서술될 수 있다는 물리적 의미가 있을지도 모른다. 분명 이것이 슈뢰딩거의 접근법이다. 왜냐하면 그는 거대분자들, 동전에 있는 원자들의 집합체, 구리선에 있는 일련의 결정들 사이에 있는 근본적인 차이를 부정하고 있기 때문이다.

   이 점을 좀더 분명히 하기 위해 최근의 지식에 대비해서, 슈뢰딩거는 염색체 복제를 어떤 방식으로 설명하는지 고려해보자. 염색체는 DNA 아(亞)단위, 즉 핵산들의 결정화에 의해 형성된 결정과 동일시되어야 한다. 그리고 DNA의 복제는 혼합된 핵산용액으로부터 생긴 핵산 쌍들의 결정화와 동일시되어야 한다. 이들 쌍은 결정상태에 남아 있는 한 고정된 배열로 유지될 것이다. 그러나 이러한 유형의 염색체가 대사에서 어떻게 기능할 것인가? 어떻게 그것이 감겼다 풀렸다 하면서 수용액 환경에서 유사분열을 진행시킬 수 있는 것일까? 세포환경에서 그러한 결정들은 빠르게 녹아서 자기들의 배열을 잃어버릴 것이다. 슈뢰딩거는 『생명이란 무엇인가?』에서 이 형상을 너무 간단하게 생각하였고, 이웃하는 핵산들과 합해져서 중합체를 형성하는 공유결합의 독특한 특성을 교묘하게 무시하였다. 자기의 환원론적 접근법의 민감함과 세련미를 그렇게도 열성적으로 강조하던 사람이 그러한 민감함의 근원이 되는 요점을 무시하다니 얼마나 우스운 일인가! 왜냐하면 우리는 DNA에서 이웃하는 핵산들 사이를 연결하는 공유결합이 효소가 존재하면 강화된다고 믿기 때문이다.

그렇지만 슈뢰딩거는 바보가 아니고, 만약 그가 무의미한 것을 이야기한 것처럼 보인다면 그것은 확실히 미묘하게 이해되는 설명을 아무렇게나 읽은 결과이다. 그가 중합체와 고체 사이에서 유사점을 끌어낸 충분한 이유가 있었다. 이 점에 대해 곧 언급할 것이다. 여기서는 다음과 같이 말하는 것으로 충분하리라 생각된다. 그는 중합체에서의 결합들이 염색체 환경으로부터 자유에너지를 얻는 화학반응에서 강화된다는 중요한 점을 무시하였다. 이러한 방식으로 중합체는 자유에너지를 획득해서 자기의 분자구조에 필요한 포텐셜에너지를 형성할 수 있게 된다고 말할 수 있다. 유전물질이 열 교란에 저항할 수 있는 것은 이것 때문이다.

슈뢰딩거와 같은 또 다른 물리학자인 엘사서는 유전자의 안정성을 고체에 비유해 분자적 설명을 하는 것을 피했다. 『생물학의 물리학적 기초』(1958년)라는 책에서 그는 11년 된 유기화학 책으로부터 세포에서 일어나는 반응들의 가역적인 성질과 그것들과 연관

부록

된 작은 에너지 변화를 인용하였다. "만약 정보가 화학적 안정성에 의해 저장된다면 우리가 잡파라고 불렀던 것, 즉 분자적 무질서의 해로운 영향들에 노출되었을 때 가장 효율적으로 대처할 수 있을 기구가 생겼을 것이다." 엘사서는 계속해서 다음과 같이 바닷가재를 고려해본다.

…… 매우 딱딱한 겉껍질을 가지고 있는 동물. 만약 바닷가재가 전기공학을 공부했다면 곧 다음과 같은 생각이 떠오를 것이다. 자기 껍질의 견고함을 이용해서 예를 들면 껍질 안쪽에 붙어 있는 견고한 막 안에 정보를 축적해서 저장할 수 있다.

그러나 이러한 유형은 어느 것도 관찰되지 않고 있다. 바닷가재에게 중요한 의미를 갖는 모든 정보는 해파리의 조직처럼 부드러운 '연조직'에 기능적으로 관련되어 있다는 것을 아무도 의심하지 않을 것이다. 이것이 바로 우리가 유기체 세계를 관찰할 때 보는 특성이다. 명백하게 정보의 안정성과 대응하는 조직의 기계적 안정성과는 어떤 상관관계도 없다. 만약 상관관계가 있다면 그것은 분명히 부정적인 관계일 것이다. 아주 잘 조직된 시스템으로 발전될 수 있는 것은 태아의 섬세한 조직이지 바닷가재의 경(硬)조직이 아니다. 이것은 공학적 경험과 원리들이 우리에게 가르쳐 주는 바와 정확히 반대되는 것이다. ……광학공학도는 자연이 시각시스템으로서 눈을 만든 것에 대해서 자연과 싸우지는 않을 것이다. ……항공공학도는 새가 나는 원리에 대해서 자연과 싸울 꿈도 꾸지 않을 것이다. ……그러나 전기공학도는 정보가 보존되는 방법에 대해서 근본적으로 자연과 의견을 달리할 것이다.

기계공학도는 이에 대해 확실히 다음과 같이 대답한다. 어느 컴퓨터도 염색체 전부를 가지고 있는 세포만큼 그렇게 꼼꼼하게 접근가능하고 표현 가능한 정보를 저장하고 있지는 못하다.

대략 계산해도 대장균이 가진 0.5미크론 길이의 염색체에 들어 있는 정보량은 10^{10}단어 정도가 될 것이다. 사람은 23개의 다른, 그리고 훨씬 더 큰 염색체를 가지고 있다. 그 속에는 얼마나 많은 정보가 포함되어 있겠는가!

바닷가재가 자기 겉껍질을 벗어버린다면 껍질 내에 저장한 정보는 심각한 문제에 직면하게 되겠지!

유전자 복제

이제 슈뢰딩거의 세번째 의문에 대해 이야기해보자. 유전물질은 어떻게 그리도 충실하게 그 자체를 재생산해낼 수 있을까?

여러분은 염색체 같은 작은 구조에 방대한 양의 정보를 저장하기 위해 부호라는 도구를 슈뢰딩거가 도입했다는 사실을 기억할 것이다. 그러므로 무기결정과는 달리 유전물질은 비주기적인 특성을 갖게 될 것이다. 비록 많은 결정학자들에게 비주기적인 물질로부터 대칭축을 가진 결정이 생긴다는 것이 불가능한 것처럼 보였지만, 슈뢰딩거는 이것에 대해 아무 문제를 제기하지 않거나 또는 적어도 결정학적 근거들에 대해 고민하지는 않았다. 그래도 그것이 옳았다. 그러나 어떻게 그러한 구조가 '성장'하거나 복제될 수 있을까? 그리고 그것이 어떻게 아단위들 안에 부호화되어 있는 정보를 표현할 수 있을까? 슈뢰딩거를 당황하게 만든 것은 바로 이 두 가지 문제였다. 여기서 그는 '다른 물리법칙들'이 나타나기를 기대하였다. 그는 무엇을 새로 발견하게 되리라고 기대했을까?

  그 책을 통해서 제기되는 주제를 생각해 볼 때, 그는 새로운 물리법칙들을 이미 알려진 '무질서로부터 질서' 법칙에 대비하여 '질서로부터 질서' 법칙이라 불렀던 것임이 분명하다. 그리고 그는 막스 플랑크를 따라서 전자를 '통계학적' 후자를 '동력학적'이라고 불렀다. 플랑크는 1914년 논문 「동력학적인 유형의 법칙과 통계학적인 유형의 법칙」에서 분자들의 미시세계를 지배하는 것을 동력학적 법칙이라 했고 많은 수의 분자로 이루어지는 거시세계를 지배하는 것을 통계학적 법칙이라 했다. 생물학에서와 같이 물리학에서도 한 종류의 법칙을 다른 것으로, 즉 거시적인 것을 미시적인 것으로 환원하는 데 문제점이 존재했다. 이것이 가능할 것인지에 대해 의견이 분분했다. 맥스웰은 통계학적 법칙들을 개개 분자들에 작용하고 있는 뉴턴 역학에 적용하는(환원하는) 것을 배제한 반면 플랑크는 그러한 시도를 '진보하는 과학이 해야 할 중요한 과제 중의 하나'라고 생각하였다. 플랑크가 이러한 생각을 했던 것은 '기상학에 관한 모든 통계를 가지고 간단한 요소들, 즉 물리학적인 규칙성을 찾아내려고' 기상학자인 보른스가 연구했던 것과 비슷하다. 1914년의 이 논문으로부터 그 당시 플랑크는 통계학적 법칙들을 동력학적 법칙들로 환원시켜서 거시세계와 미시세계 사이의 간격을 메우려고 하였던 것을 분명하게 알 수 있다. 플랑크 역시 아주 깊이 감추어진 원인 인자가 밝혀질 때 마음대로 처분할 수 있는 잠정적 도구로서 확률이론을 받아들이는 고전적인 개념을 오랫동안 보물처럼 간직해왔다. 볼츠만도 같은 욕망을 가졌다. 그의 논문들과 추종자들로 해서 볼츠만은 슈뢰딩거에게 영향을 미치게 되었다. 맥스웰의 유산, 즉 통계역학의 비환원성은 플랑크, 볼츠만 그리고 슈뢰딩거에게 있어서 도전이고 물리이론체계의 한 가지 고통이었다.

  미시세계와 거시세계 사이의 대조는 작용양자(h)에 의해 암시된 불연속성의 발견으로 첨예화되었다. 고전물리학 이론이 가정한 에너지의 연속성은 이것을 어떻게 받아들일 것인가? 1900년부터 1911년까지 작용양자는 거시수준에서의 에너지 연속성과 미시수준에서의 에너지 행동 사이의 비슷함을 주장하는 사람들에게 큰 위협이 되었다. 1911년 플랑크는 처음으로 h의 고전적 해석을 시도해 보았다. 반면에 여덟 달 뒤 솔베이 학회에서 그는 h의 물리학적 해석은 양자가설을 발전시켜야만 가능하고 양자이론의 법칙들은 분자결합에 의해 결합되어 있는 모든 입자들에 적용되어야 한다고 주장하였다.

마치 이 정도로는 부족하다는 듯이 양자이론의 더 중요한 결과가 하이젠베르크에 의해 제시되었다. 그는 '불확정성의 원리'를 발표했는데 이 원리는 전자의 위치와 속도를 동시에 결정할 수는 없고 한 변수가 결정되면 다른 변수는 확률적인 평가밖에 할 수 없다는 사실을 보여준다. 1933년 노벨상 수상 연설에서 슈뢰딩거는 이 문제에 대해서 다음과 같이 이야기하였다.

우리는 이 이론에 영원히 만족해야 하는가? 원리상으로는 그렇다. 원리상으로 결국 정밀과학은 실제로 관찰될 수 있는 것만 기술해야 한다는 가설은 새로운 것이 아니다. 단지 문제는 이제부터 우리가 세계의 진정한 모습에 대해 기술하는 것과 분명한 가설을 세우는 것을 연결시킬 때 얼마나 조심해야 할 것이냐 하는 점이다.

나는 이것이 『생명이란 무엇인가?』라는 책의 토대가 되었다고 믿는다. 그는 질서에 근거하는 살아 있는 세포에서 결정론적 물리법칙들을 발견할 수 있을 것이라고 희망했다. 유기체는 어떤 점에서 '분자적 무질서가 사라지는' 절대온도 영도 부근에 있는 물체와 같이 행동하는 거시체계이다. 유전물질은 어떻게 이럴 수가 있을까? "보통 온도에서 열운동의 무질서한 경향을 피할 수 있을 만큼 강력한 런던-하이틀러 힘에 의해 모양을 유지하는 고체들로" 만들어진 시계처럼 형성만 된다면 가능하다는 것이다. 바로 여기가 슈뢰딩거가 결정-고체 유추를 도입한 목적이 나타나는 곳이다. 유전자와 시계는 하이틀러-런던 힘들에 의해 유지되고 있다는 점에서 비슷하다. 엄격히 말하자면 시계는 통계학적으로 행동하지만 실용적인 목적을 위해 동력학적으로 행동한다고 간주할 수도 있다. 왜냐하면 실온에서 고체상태로 있는 물체는 동력학적 법칙이 지배하는 절대온도 영도 부근에 있는 물체와 마찬가지이기 때문이다. 그래서 만약 슈뢰딩거가 어떤 특정한 방향으로 새 법칙들을 찾고 있다면 그것은 화학자들의 관심거리인 분자들과 결정들을 함께 연결시켜줄 수 있는 힘이어야 함에 틀림없다.

그렇다면 왜 상식처럼 보이는 것을 신비롭다고 했을까? 나는 이미 그 이유를 한 가지 지적하였다. 슈뢰딩거는 공유결합이 고체상태 이외에도 열 '교란'에 저항할 만큼 강하다는 것을 생각해내지 못했다. 아마 그것은 이해할 수 있는 일일 것이다. 왜냐하면 그는 물리학적 분위기에서 성장했으므로 화학적 친화력을 이루는 분자 내 힘들에 대한 물리적 기초와 같은 문제를 다룰 능력이 없었기 때문이다. 더욱이 그가 1906년 비엔나 대학교에 들어갔을 때 화학자들은 거의 모두가 작은 분자들에 몰두하고 있었다.

나중에 그들은 거대분자들의 존재를 부정하려고 하였다. '특별한 법칙'을 찾기 위해 화학자들은 슈뢰딩거가 했던 것과 같이 고체 상태에 눈을 돌린 것이 아니라 교질상태에 주의를 기울였다. 우리는 나중에 이 점을 다시 검토할 것이다. 슈뢰딩거가 유전자 복제를 결정성장에 비유하고자 했던 또 다른 이유는 분명하다. 다른 무생물 시스템은 적절하지 않은 것 같았다. 그러나 여기에서조차도 그는 한 가지 차이점에 주의하였다. 결정은 3방향으로 같은 구조물을 반복해서 자라는 반면, 복잡한 유기분자는 '단순반복이라는 따분한 도구를 사용하지 않고' 더욱 더 확장된 집합체를 만든다는 점이다. 그는 다른 차이, 즉 유기분자들은 공유결합들을 만들어내는 반면 결정성장에는 그러한 것이 없다는 사실을 인식하지 못하고 있었다는 점에 유의하라.

나는 슈뢰딩거가 행한 분석에서 발견되는 '함정들'을 요약하였고 그가 어디에서 불필요하게 당황하고 있었는지를 보여주려고 하였다. 나는 또 다음과 같이 지적하였다. 그것은 함정의 문제라기보다는 오히려 거대분자에 대한 유추로 결정모델을 교묘하게 사용한 결과일 수도 있다. 그러면 슈뢰딩거의 위치는 1940년대의 생화학자, 유전학자 그리고 X선 결정학자들의 위치나 입장을 어느 정도로 대표하고 있는가? 만약 우리가 그러한 과학의 대가들을 만난다면, 확실히 슈뢰딩거가 대표하고 있지는 않다는 사실을 알게 될 것이다. 사실 거대분자 개념에 대해 어떤 생화학자들과 결정학자들은 강력하게 반대하였다. 그러나 1930년대 말 무렵 거대분자의 존재는 확실해졌다. 결정학자들은 중합체가 세포 속에 존재할 수 있다고 동의했다. 쉬타우딩거는 교질성이 교질집합체 구조는 물론이고 거대분자로 인해서도 생길 수 있다고 제시했다. 생화학자들도 마침내 쉬타우딩거의 의견에 동의하였다. 결정상태에서는 단일 분자들의 특성이 흔히 소실된다는 현상이 발견되었지만 상황은 변하지 않았다. 그렇지만 우리가 본 바와 같이 슈뢰딩거는 고체인 비주기적 결정 모델을 사용하고 싶은 욕망 때문에 이 주제에 대해 혼동을 일으켰다.

주형 개념

또 다른 점에서도 슈뢰딩거는 구조화학자, 생화학자 그리고 X선 결정학자들 사이에 퍼져 있던 개념들을 제대로 파악하지 못했다. 그것은 유전자 복제의 특성이다. 전쟁 전인 1930년대에 유사분열 과정에 많은 관심이 모아졌다. 유사분열에서 같은 염색체(동형염색체)는 서로 만나서 복제됨이 밝혀졌고 각각은 한 쌍의 크로마티드로 전환된다. 동형염색체가 쌍으로 존재하게 만드는 특수한 인력이 아마도 적당한 아단위들을 염색체에 끌어들이는 데에도 작용하고, 이 아단위들은 부모의 염색체와 똑같은 일직선으로 된 사슬분자를 합성하는 데 이용된다고 주장되었다. 1917년 미국의 물리학자 트롤랜드는 유전자가 자가촉매와 이성촉매의 기능을 가진다고 서술하였다. 여기에서 자가촉매 기능은 복제기능을 말하고 이성촉매 기능은 세포에서 활발한 대사활동을 담당하는 비염색체성 물질의 형성을 뜻한다. 트롤랜드의 논문이 유전자와 염색체의 물리화학에 대한 관심을 일으키지는 못했지만, 14년 뒤인 1931년에 염색체가 쌍을 이루는 과정이 폭넓게 논의되었다. 1931년에 영국의 세포학자 달링튼은 유사분열과 감수분열의 전기(前期) 사이의 차이를 기계론적 방법으로 설명하려고 시도하면서 감수분열의 조숙이론을 제시하였다. 염색체 코일링에 관한 자세한 지식으로부터 그는 감수분열에서 동형염색체가 쌍을 이루는 것은 세포분열이 미리 일어나기 때문이라고 하였다. 정상적으로는 유사분열에서 염색체들은 표면전하들이 서로 만족하는 크로마티드 쌍으로 나뉠 것이다. 크로마티드가 형성되지 않을 때에는 이러한 전하들이 염색체-염색체 인력에 의해 만족된다. 달링튼은 계속해서 교차를 크로마티드들의 분열과 재결합 과정으로 기술하면서 그 이유로서 분자 그리고 더 높은 수준의 나선들에 스트레스와 변형이 생기기 때문이라 하였다. 달링튼은 다음과 같이 썼다. "뮬러는 내 관찰의 중요성을 곧 알아챘다. 1935년 블랙풀에서 열린 영국생물학회 모임에서 우리는 우리 문제를 처음으로 애스트베리와 버널에게 알려 주었다. 이로 인해 클람

펜보르크 학회가 열렸다." 이 학회는 록펠러재단이 후원하였는데 물리학자, 화학자 그리고 생물학자가 한 자리에 모일 수 있는 기회가 되었다. 물러는 '유전학의 근본적인 문제에 접근하는 데 있어서 물리학의 역할'이란 제목으로 모스크바에서 강연할 때 또다시 유전자 복제에 관심을 기울였다. 그 강연은 다음과 같은 말로 끝났다.

유전학자들 스스로는 이 성질들을 더 이상 분석할 수 없다. 여기서 화학자는 물론이고 물리학자가 개입해야 한다. 누가 자발적으로 이 일을 할 것인가?

1938년에 코펜하겐에서 행한 비공개 강연에서 버널은 염색체가 쌍을 이루는 것을 설명하기 위해 특별한 인력을 도입하는 대신 먼 거리까지 작용하는 비특이적 힘들을 가정하였다. 물리학자인 조르단은 버널의 제안을 거부한 대신 공명에 근거한 특별한 인력을 도입하였다. 만약 동일하거나 거의 동일한 분자들 위의 같은 위치들이 에너지 상태가 다르면, 즉 하나는 흥분상태에 있고 다른 하나는 기저상태에 있다면 둘 사이에서 양자역학적으로 안정화상호작용이 생겨 염색체가 쌍을 이루게 되고 아마 염색체 합성도 가능하게 될 것이라는 주장이었다. 조르단은 덜 복잡한 합성과정들에서 제시되었던 것과 같이 정상적인 원자가(原子價) 힘이 염색체에서도 적절할 것이라고는 믿지 않았다. 그러나 그는 한 분자의 일부분만 흥분

상태로 만들기 위해 분자의 견고함이 어떻게 교란되어야 하는지를 밝혀야 하는 문제를 남겼다. 이것을 해결하기 위해 조르단은 염색체를 전적으로 분자로 보는 것을 거부하고 원자들의 '준액체상태의 집합체'라는 개념을 도입하였다. 그러한 집합체에서는 원자들은 느슨하게 결합되어 있어서 위치 변화를 쉽게 할 수 있다는 것이다.

2년 뒤 폴링이 이 논문을 보게 되었고, 조르단 이론을 반박하는 글을 델브뤽과 함께 《사이언스》에 즉시 발표하였다. 델브뤽과 폴링은 생물학적 특수성이라는 문제에 대한 해답은 잘 알려진 공유결합, 수소결합, 반데르발스 힘, 정전기력에 의해 찾아질 수 있다고 믿었다. 프레스카는 독립적으로, 조르단의 공명인력 대신에 염기성의 히스톤과 핵단백질에 있는 산성의 인산기 사이의 정전기력을 주장하였다.

물러, 조르단 그리고 프레스카의 논문들에서 염색체 분자가 동일한 분자의 집합을 위한 주형으로 작용한다는 개념을 발견할 수 있다. 그러나 폴링과 델브뤽은 다음과 같은 점을 지적하였다. 만약 정상적인 원자가(原子價) 힘들이 주형기능을 일으킬 수 있다면, 중요한 것은 구조적 동일성이 아니라 상보성이다.

이러한 상호작용들은 반드시 똑같은 구조를 가진 두 분자들로 이루어졌다기보다는 상보적인 구조를 가지고 마주보고 있는 두 분자들로 이루어진 시스템에 안정성을 주게 된다. 그러므로 우리는 분자들 사이의 특별한 인력 그리고 효소에 의한 분자들의 합성을 논의하는 과정에서 상보성이 맨 먼저 고려되어야 한다고 느낀다…….

상보적인 두 구조가 우연히 동일한 것이 되는 경우도 생길 수 있다. 그러나 이 경우도 두 분자의 복합체가 안정된 이유는 그것들이 동일하기 때문이라기보다는 그것들의 상보성 때문이다. 그러므로 자가촉매의 가능한 기전들에 대해 추론해 볼 때, 구조화학자들의 관점으로부터는 상보성과 동일성이 일치할 수 있는 조건을 분석하는 편이 가장 이성적일 것이다.

8년 뒤인 1948년 폴링은 상보성 복제에 의해 동일한 분자를 생산할 수 있는 조건들을 다음과 같이 주장하였다.

주형으로 사용되는 구조(유전자나 바이러스 분자)가 가령 두 부분으로 구성되고 이 두 부분이 구조상으로 상보적이라면, 이 부분들의 각각은 다른 부분의 복제를 생산하기 위한 주형으로 쓰일 수 있고, 두 상보적인 부분들의 복합체는 자신의 복제물을 만들어내는 주형으로 사용될 수 있다.

1930년대 후반에 유전자 복제는 비공식적으로 논의되었다. 그리고 1939년에 애스트베리는 다음과 같이 이야기하면서 핵산에 대해 한 가지 역할을 부여했다.

한 사슬을 정확히 재생산하기 위해서는 우리는 어느 정도 다른 사슬들을 계속해서 통과해서 마침내 우리가 시작했던 사슬의 짝을 얻어야 된다는 것은 이해가능한 일이다. 그리고 이와 관련해서 최종산물로서 단지 왼손형 아미노산들만 나타난다는 것을 기억해야 한다. 이것은 한 주어진 단백질이 '외부'분자 '주형'으로부터 만들어지거나 또는 어느 정도 중간의 좌우상 단계를 제거하거나 과도하게 많게 해서 스스로 복제한다는 것을 시사한다. 후자의 경우에 다음과 같은 가능성이 있다. 누클레오타이드의 기둥이 하는 역할 중의 하나는 좌우상 단계들 사이에 다리를 놓는 것이다. 우리가 곧 보게 되는 바와 같이, 한 기둥에서 계속되는 누클레오타이드들이 놓이게 되는 간격은 거의 정확하게 완전히 펼친 폴리펩타이드에서 계속되는 곁사슬들의 간격과 같다.

유전자 복제에 대한 전쟁 전 개념에서 핵산은 단백질성 유전자들의 복제를 감독하는 '산파적' 주형분자 역할을 담당하였다. 처음으로 1952년에 핵산을 단백질 합성을 위한 주형임은 물론이고 스스로 재생산하는 분자로서 포함시킨 사람은 다운스였다. 그는 다음과 같이 제안하였다. "핵산을 따라 존재하는 인산기들이 공유결합을 형성해서 아미노산이나 누클레오타이드의 줄을 만들 수 있다. 그렇게 조직된 잔류물들이 새로운 폴리펩타이드나 폴리누클레오타이드 사슬로 연결되었을 때, 부모주형 분자와의 연결은 깨어질 수 있다." 그러한 반응들은 다이포스포누클레오타이드들과 그리고 적절한 효소를 필요로 할 것이다. 그러므로 다운스의 제안은 실험을 통해 접근가능하였다. 그는 세 개의 염기로 이루어지는 한 세트를 아미노산을 '인식'하기 위한 기전으로 간주하였지만, 입체화학적 모델을 만드는 것은 시기상조라고 생각하였다. 그는 다음과 같이 말했다.

    펩타이드 사슬과 핵산합성에 대한 가설은 물론 의문시되는 분자들의 기하학적 그리고 공간적 배열들을 고려해야 한다. 그러나 현재 이러한 방향을 따라 계산을 시도해볼 수 있을 만큼 핵산의 구조에 대해 자세히 알고 있는지 의심스럽다. 아마도 원자모델들을 가지고 약간 연구하는 것도 바람직할 것이다. 그러나 이와 관련해서 제안된 기전에 득이 되는 증거 한 가지는 언급할 가치가 있다. 즉 폴리누클레오타이드와 폴리펩타이드에서 관찰되는 섬유축을 따라 나타나는 주 간격들이 서로 대응된다는 사실이다. 이 소견은 애스트베리가 특히 중요시하였다.

다운스는 런던, 파사데나 그리고 캠브리지에서 DNA의 구조를 활발히 연구하고 있다는 사실을 알지 못했다. 우리 모두가 아는 바와 같이, 1953년에 왓슨과 크릭은 누클레오타이드-누클레오타이드 맞음새에 대한 기전을 제안하였고 16년 동안 매우 집중적인 연구를 한 다음에 보니 아데닌과 타이민 그리고 구아닌과 사이토신 사이의 맞음새는 믿을 만하고 충실한 것 같았다. 그러나 슈뢰딩거가 유전자 복제가 믿을 만하다고 상상했던 것만큼 믿을 만하지는 못하다. 왜냐하면 효소복구기전들이 발견되고 나서 맞음새가 틀리는 빈도가 관찰된 돌연변이체들로부터 계산된 돌연변이율보다 훨씬 크다는 것이 밝혀졌기 때문이다. 그러므로 DNA복제가 DNA합성 기전보다 더 충실하다고 주장할 근거는 없다. 아이겐 교수와 드 마이어 교수는, 유전자 복제는 염기쌍 사이에 형성되는 수소결합의 특수성보다 훨씬 더 충실하다고 계속 주장했다. 그들은 다음과 같이 말했다. "10^{-8}에서 10^{-10}의 범위에 있는 에러 확률은 결합안정성에 의해 설명될 수 없다. 왜냐하면 '진짜'와 '가짜' 복합체에서 수소결합상의 차이는 그리 크지 않기 때문이다. 정확한 상보성은 염기쌍의 특수한 기하학적 구조에서 표현되고 단지 이것을 합성효소들이 인지할 가능성이 더 크다."

아이겐은 또 이미 존재하는 염기쌍이 자기 옆에 또다른 한쌍을 형성할 때 안정성 효과를 미친다는 사실에도 주의하였는데 그는 그것을 '협동현상'이라 명명하였다. 여기에서 물리학과 생물학은 서로 조화를 이루게 된다.

여러분은 수소결합에 의해 염기쌍이 만들어지는 것과 복제 문제에 대한 해답을 혼동해서는 안 된다. DNA 이중나선의 복제를 가능하게 하는 풀리기 과정의 본질과 당과 인산기 뼈대의 중합체 형성이 가능하게 하는 효소기전은 해결을 기다려야 하는 복제에 관한 문제들이다. 《네이처》 《타임즈》 《사이언스》 《레포츠》 등의 잡지와 신문들이 어떻게 이야기한다고 해도 단백질을 RNA 주형으로부터 시험관에서 전적으로 합성할 수 있다는 것은 사실이 아니다. 그러나 이런 것이 분자생물학자인 크릭에게는 문제가 되지 않는다. 그는 한 세포에 있는 모든 성분과 이것들의 조절기전을 이해하는 것이 가장 중요하다고 생각하고 있다. 그의 관점은 다음과 같다.

모든 것을 합성할 때 따르는 막대한 노력을 고려해볼 때 모든 성분을 합성한 다음 그렇게 작은 규모 속에 몽땅 집어넣는다는 것은, 멋진 생각이기는 하지만 실제적 가치는 거의 없는 것 같다. 만약 우리가 성분들을 분리한 다음 화학합성에 의해 만들어진 소수도 포함해서 부서진 세포들로부터 얻은 성분들을 이용하여 그 성분들을 다시 연결할 수 있는지를 고려해보는 편이 더 바람직할 것이다.

주형 개념은 생물학사와 생화학사에서 중요하다. 그 이유는 주형 개념에 의해 비주기적 구조의 복사과정을 이해할 수 있게 되었기 때문이다. 지금까지는 동형중합체와 이형중합체 중에서, 늘어나고 있는 중합체 사슬의 마지막 잔기가 다음에 무엇이 와야 하는지를 결정하는 간단한 반복순서를 갖는 이형중합체에서만 중합체 합성은 만족할 만큼 가능하였다. 슈뢰딩거는 염색체 사슬의 비주기적 특성을 강조한 점에서는 올바랐지만, 내가 알 수 있는 한 그는 복제를 어떻게 설명해야 할지 몰라 당황하고 있었다. 그렇지만 우리는 그가 『생명이란 무엇인가?』를 쓰기 전에 이미 정확한 해답으로

부록

가는 길이 여러 학자들에 의해 떠오르고 있음을 보았다. 주형 복제에서 작동하는 인력들은 아주 평범한 수소결합이어야 한다는 사실은 많은 사람에게 충격이었고, 우리가 언급했던 폴링의 예언들을 입증하는 것이었다.

맺음말

마지막으로 우리는 다음 사항에 대해 검토해보아야 한다. 분자생물학은 세포의 생물학을 화학과 물리학으로 환원하는 커다란 계획에서 우리를 어디까지 인도하였을까? 유전자가 열 교란에 저항하기 위해 고체일 필요도 없고, 유전자 복제가 가능하기 위해 특별한 힘들이 필요한 것도 아니며, 이 과정이 충실한 정도는 전에 예상했던 것만큼 크지 않다는 사실이 밝혀졌다. 그러나 1930년대의 수수께끼, 즉 어떻게 동형염색체들이 상당한 거리에 있으면서 서로 끌어당길까 하는 문제는 여전히 남아 있다. 아마 1940년대에 많이 논의되었던 장거리힘들이 이 과정의 뿌리에 놓여 있을 것이다. 그러나 1935년과 1937년에 이미 달링튼이 예상했던 것과 같이, 분자 수준에서의 염색체구조가 더 큰 규모의 수준에서 구조를 결정한다는 암시가 있다.

나는 이제 반대로 분자생물학에 강한 불만을 나타내는 의견들을 제시하려고 한다. 즉 분자생물학은 너무 분석적이라는 것이다. 알프바하에서 열린 '환원론을 넘어서' 심포지엄에서 원자론적 설명과 계층적 설명은 완전히 다르다고 주장되었다. 그리고 더욱이 "실제로든 또는 단지 우리 마음에서이건 '조각들을 다시 모으는 것'에 의해 앞에서 분석적으로 해부한 우주를 단순히 되돌린다고 해서 가장 단순한 살아 있는 시스템의 행동조차도 완전히 설명할 수 없다"고 주장되었다. 우리는 바이스가 크기에 있어서의 불연속성이라고 불렀던 것이 생물학은 물론이고 화학과 물리학에도 존재한다는 것을 보이려고 하였다. 바이스 자신도 다음과 같은 사실을 인정한다. 즉 비록 분석의 역(逆)이 생명 있는 시스템을 완전히 설명할 수는 없었지만, 분석과 합성의 과정은 '지난 2천 년 동안의 눈부신 과학의 성공'을 참조해서 고려되어야 한다는 것이다. 누군들 어떻게 완전한 설명을 기대하고 있겠는가? 더욱이 환원론이 완전한 설명을 제공하지 못한다고 해서, 한 시스템으로부터 추출된 부분들을 실험자가 다시 함께 모아서 그 시스템을 새롭게 만드는 것도 불가능한 것은 아니라는 점은 과학의 역사를 살펴 볼 때 매우 분명한 사실이다.

양자역학에 의해 벤젠과 같은 화합물 분자의 특성들이 구성원자들의 상호작용으로부터 예측될 수 있다고 하기 전에 많은 가정들이 제시되어야 하는 것은 명백한 사실이다. 이러한 가정들은 대개 방정식의 해들과 연관된 단순한 문제들로 무시된다. 그러나 화학에서 양자이론이 '절대적인' 예측력을 가지고 있다는 주장이 어떻게 동시에 유지될 수 있는지를 알기는 어렵다. 만약 우리가 사전에 분자 전체의 실험으로부터 벤젠 특성들의 많은 것을 모른다면, 결코 올바른 가정을 할 수 없을 것이라는 점은 분명하다. 이 올바른 가정을 통해서만 우리는 양자역학으로부터 벤젠분자의 특성들을 추론할 수 있다.

생물학은 물론이고 물리학과 화학도 연역하고자 하는 더 높은 수준의 특성들 가운데 어떤 것에 대한 사전지식이 없이는 더 낮은 수준에 있는 특성들로부터 어떤 계층적 수준도 연역할 수 없다는 점은 분명하다. 이런 사실이 환원론적 접근방법이 화학과 물리학에 의해 생물학적 과정들을 점점 이해할 수 있게 하여서 자연에 대한 인간의 지배를 넓히는 데 성공하는 것을 막지는 못한다. 어떤 생물학적 법칙들이 비환원적이라고 말할 때, 일반적으로 물리학과 화학으로부터의 연역이 불가능하다는 것을 뜻하지는 않는다. 그러한 연역들이 주제들과 전혀 양립할 수 없어서 화학적 그리고 물리적 과정들로 기술하기가 불가능하기 때문이다. 결국 엘사서는 최근에 그가 '다양-안정성'이라고 칭한 것을 비환원론적 현상의 한 예로 인용하였다. 여기에서 다양-안정성이란 상호교배하는 집단에서 개체들의 '다양성'과 개체 각각의 '안정성'을 뜻한다. 비록 동물 개체의 차이와 단백질 개개의 차이 사이에는 대개 크기의 차이가 있지만, 왜 하나나 몇몇의 아미노산 잔기가 다른 일련의 단백질들 또는 지방족 탄화수소들에 똑같이 '다양-안정성'이 적용될 수 없는지를 알기는 어렵다.

계층적인 법칙들이 물리나 화학법칙들에 의해 서술될 수 있고 서술되리라고 생각하는 것이 대부분 분자생물학자들의 견해인 것 같다. 그러므로 그들은 비물리적인 법칙들을 추구하는 것보다는 물리화학적 법칙에 의해 살아 있는 시스템을 연구하는 것을 더 희망적인 연구방법으로 알고 있다. 또한 어떤 접근법의 타당성을 부인한다고 해서 얻을 수 있는 이득은 없다. 구조가 환원론자들이 사용하는 방법에 비해서 너무 복잡할 경우에는 계층적인 기술이 적절할 것이다. 생물학의 역사는 '홀론'과 같은 것들로 충만해 있으며, 이것들은 나중에 더 낮은 수준의 분석대상이 되었고, 여전히 어떤 의미(유전자, 시스트론, 세 개의 염기 세트)를 지니고 있다.

오래 전인 1917년에 돈난은 벤젠과 같은 분자의 개체성과 살아 있는 세포의 개체성 사이의 유사점을 끌어내면서 개체성의 분자적 기초를 강조하였다. 그는 개개의 복잡한 분자들의 역사를 연구할 가치가 있다고 주장하였다. 그는 그러한 분자들 삶의 짧은 순간에 대한 자세한 지식은 곧 생물학자들에게 환영받을 것이라고 말했다.

대부분의 분자생물학자들은 무생물체에 대한 화학과 생명의 화학 사이에는 연속성이 있다고 주장한다. 계층적 법칙들은 원자들을 분자로 연관시키는 것과 분자들을 마이셀, 겔, 생체막, 소기관들로 연관시키는 것을 지배하는 법칙들에서부터 비롯된다. 계층적 수준들의 환원가능성은 과학 전체를 통해 하나의 커다란 문제이다. 그리고 폴라늬가 유기체와 기계의 환원가능한 면과 불가능한 면들을 구별한 것이 타당한지는 매우 의심스럽다. 그에 따르면 무생물과 비기계적 세계는 전적으로 환원가능하지만, 기계와 유기체는 이중의 조절기전을 가지고 있다. 그것들에 대해서는 물리화학법칙이 지배하지만, 그것들의 구조는 이러한 법칙들이 표현되는 방식들에 '경계조건들'을 부여한다. 우리가 자연선택에 의한 진화과정을 생명 자체의 진화에 적용할 때도 타당성이 있다고 믿는 한, 우리는 폴라늬의 구별을 받아들일 수 없다. 폴라늬에 의하면 유기체의 구조는 역사적 과정으로 환원되어야 하며 역사적 과정의 경로는 물리화학법칙들에 의해 결정된다는 것이다. 우리는 생리학적 환원에 진화론적 환원을 덧붙이고 싶다. 무엇으로의 환원인가? 그것의 내용이 어떻든지 간에 물리와 화학법칙들로의 환원이다. 우리는 그 법칙들이 바뀔 수도 있다는 사실을 인정해야 한다. 그러므로 우리의 환원주의는 항상 근본적으로 상대주의적 성격을 갖는 것이다.

우리의 문제는 철학적인 문제도 낭만적인 문제도 아니고 전략의 문제이다. 어디에서 순수하게 계층적인 서술이 효과적이고 그리고 어디에서 환원론적 분석이 더 효과적일 가능성이 있을까? 전략과 방식은 과학에서 밀접하게 관련되어 있다. 실제로 비난을 받는 것은, 분자생물학의 대중적인 이미지에서 그 예를 찾을 수 있는 바와 같이 환원론적 전략의 현재 방식이다. 의심할 바 없이 슈뢰딩거는 이러한 방식을 세우는 데 중요한 관련이 있었다. 그의 책이 물리학자들에게 커다란 충격을 주었던 것은 바로 생물학에 대해 쓸 때 그가 취했던 선동적이고 교묘하게 순진한 척한 방식이었다. 다른 물리화학자들이 썼던 그것과 비슷한 책은 확실히 덜 충격적이었다. 『생명이란 무엇인가?』는 많은 물리학자에게 영향을 미쳤고 크릭도 그러한 영향을 받은 사람이다. 크릭은 다음과 같이 썼다.

……슈뢰딩거의 책에 대해 여러분이 말하는 모든 것에도 불구하고, 여러분은 이 책이 생물학을 공부하려고 하는 젊은 과학자들에게 매우 중요한 영향을 주었다고 인정해야 한다. 확실히 내 경우에 그랬다. 윗슨과 벤저도 또한 나에게 자기들도 영향을 받았다고 말했다. 그의 책이 주제를 재미있는 듯이 만들었고 초보자들에게 사물에 대해 이러한 방식으로 사고하는 것이 추구해볼 만큼 흥미로운 것이라는 느낌을 주었다는 사실이 중요한 점이다. 나는 언제 윗슨과 내가 슈뢰딩거의 책의 한계에 대해 토의하였는지 기억해낼 수가 없다. 주된 이유는 우리가 근본적으로 올바른 개념을 가지고 있었던 폴링에 의해 강력하게 영향을 받고 있었기 때문이라고 생각한다. 그러므로 우리는 우리가 슈뢰딩거의 방식으로 생각하는지 아니면 폴링의 방식으로 생각하는지에 대해 토의하느라고 결코

시간을 낭비하지 않았다. 폴링을 따라야 한다는 것은 우리에게 너무나 당연한 것처럼 여겨졌다.

슈뢰딩거가 마음 속에 품었던 참된 목적, 즉 세포의 특별한 계층적인 조건들에서 '질서로부터 질서' 법칙들을 발견하겠다는 것이 이들 물리학자에게는 흥미의 대상이 되지 못했다는 사실은 아이로니컬하다. 슈뢰딩거의 『생명이란 무엇인가?』의 뒷부분에 대해 이들이 별로 관심을 두지 않았던 것은 분자생물학의 발전을 위해 얼마나 다행한 일이었는가! 어떤 역설도, 어떤 '질서로부터 질서' 법칙도 나타나지 않았다. 그 대신 유기체는 적자생존에 의해 지배되는 역사적 과정에 의해 계속 '무질서로부터 질서'를 이루고 있는 것이다.

이들 새로운 법칙에 대해 슈뢰딩거는 어떤 안목을 가졌을까? 나는 아직 밝혀지지 않은 특별한 구조에 의해 부여되는 조건들 하에서 양자역학이 작동한다는 안목이었다고 생각한다. 우리는 이 구조를 DNA가 복제를 일으키는 중요한 세포 성분들을 가진 시스템으로 간주하려고 할지도 모른다.

생명체의 활동을 설명하는 데 있어서 가로놓여 있는 것이라고 슈뢰딩거가 예견했던 문제점을 나타내주는, 『생명이란 무엇인가?』의 다음 문장을 인용함으로써 이 논문의 끝을 맺도록 하겠다.

......우리는 생명체가 보통의 물리법칙으로 설명할 수 없는 방식으로 작동하고 있는지를 알아낼 준비가 되어 있어야 한다는 점이다. 그리고 그러한 것이 살아 있는 유기체 안에서 개개 원자들의 행동을 규정하는 어떤 '새로운 힘' 등이 있기 때문이 아니라, 우리가 지금까지 물리학 실험실에서 검증했던 것과는 구성이 다르기 때문인지도 알아낼 준비가 되어 있어야 한다. 있는 그대로 말하자면 열기관에만 친숙한 기술자가 전기모터의 구조를 검토한 뒤에 그가 아직 이해하지 못한 원리들을 좇아 그 모터가 작동하는 방식을 알아내려 하는 태도와 마찬가지일 것이다. 그 기술자는 열기관의 솥에서 친숙해 있는 구리가, 모터에서는 코일에 감긴 길고 긴 선 모양으로 쓰였다는 사실을 발견한다. 레버와 막대기 그리고 증기실린더에서 그에게 친숙해 있는 철은 여기에서 구리선 코일의 내부를 채우고 있다. 그 기술자는 똑같은 자연법칙에 따르는 똑같은 구리와 철이라고 확신할 것이다. 그리고 그는 그 점에서 옳다. 충분히 그는 구성에 차이가 있기 때문에 전혀 다른 방식으로 작동하는 것이라고 생각할 것이다. 보일러와 증기는 없더라도 스위치를 켬으로써만 돌기 때문에 유령이 전기모터를 작동한다고는 생각하지 않을 것이다.

여기에서 슈뢰딩거는 발전기의 전기모터로부터 유령을 배제하였던 것과 같이 유기체에서 '생명력'을 배제하였다. 그러나 그가 분자생물학이 밝힌 어떤 것보다 더 근본적인 특성을 가지는 세포 내용물들의 행동으로부터 발전기에서 작용하는 전자기력과 같이 신기한 법칙들을 도출해낼 수 있을 것이라고 기대했다는 점은 분명하다.

지은이

에르빈 슈뢰딩거(Erwin Schrödinger, 1887~1961)
1910년 비엔나 대학에서 물리학 학위를 받고, 이후 비엔나, 예나, 슈투트가르트, 취리히, 베를린 등지에서 교수로 있었다. 1933년 파동역학에 대한 업적으로 노벨 물리학상을 수상했다.

옮긴이

서인석
1985년 서울대학교 의과대학 졸업
1989년 서울대학교 의학박사
현재 서울대학교 의과대학 교수(생리학)

황상익
1977년 서울대학교 의과대학 졸업
1982년 서울대학교 의학박사
현재 서울대학교 의과대학 교수(의학사)
저서:『근대의료의 풍경』(2013, 푸른역사),『콜럼버스의 교환』(2014, 을유문화사),
『역사가 의학을 만났을 때』(2015, 푸른역사) 등 다수
역서:『역사 속의 보건의료』(1991, 한울),『문명과 질병』(2008, 한길사) 등 다수

한울과학문고 2
생명이란 무엇인가?
물리학자의 관점에서 본 생명현상

지은이 | 에르빈 슈뢰딩거
옮긴이 | 서인석·황상익
펴낸이 | 김종수
펴낸곳 | 한울엠플러스(주)

초판 1쇄 발행 | 1992년 1월 20일
초판 9쇄 발행 | 2000년 2월 20일
중판 1쇄 발행 | 2001년 11월 17일
중판 17쇄 발행 | 2025년 11월 5일

주소 | 10881 경기도 파주시 광인사길 153 한울시소빌딩 3층
전화 | 031-955-0655
팩스 | 031-955-0656
홈페이지 | www.hanulmplus.kr
등록번호 | 제406-2015-000143호

Printed in Korea.
ISBN 978-89-460-4497-5 93470

* 책값은 겉표지에 표시되어 있습니다.